# 数学姓童

## 童话数学
### 趣味教育

朱良才 著

群言出版社
QUNYAN PRESS

· 北 京 ·

**图书在版编目（CIP）数据**

数学姓"童"：童话数学趣味教育 / 朱良才著 . --
北京：群言出版社，2023.10
　　ISBN 978-7-5193-0816-2

　　Ⅰ . ①数… Ⅱ . ①朱… Ⅲ . ①数学教学－教学研究
Ⅳ . ①O1-4

中国版本图书馆 CIP 数据核字（2023）第 016302 号

---

责任编辑：陈　芳
封面设计：中通世奥

**出版发行**：群言出版社
**地　　址**：北京市东城区东厂胡同北巷 1 号（100006）
**网　　址**：www.qypublish.com（官网书城）
**电子信箱**：qunyancbs@126.com
**联系电话**：010-65267783　65263836
**法律顾问**：北京法政安邦律师事务所
**经　　销**：全国新华书店

**印　　刷**：北京九天鸿程印刷有限责任公司
**版　　次**：2023 年 10 月第 1 版
**印　　次**：2023 年 10 月第 1 次印刷
**开　　本**：710mm×1000mm　　1/16
**印　　张**：18.75
**字　　数**：190 千字
**书　　号**：ISBN 978-7-5193-0816-2
**定　　价**：98.00 元

# 朱老师和他的"童话数学"

和朱良才老师相识，要追溯到 2007 年。那时，我在山东省教育厅分管教师队伍建设，组织实施山东省年度教育创新人物（教师系列）的评选，全省仅仅评选十位创新型教师，而朱良才老师作为唯一的土生土长的农村教师，赫然在列。

翻阅朱老师的事迹材料，他的成长确实"沾"了创新的"光"，说敢于第一个吃螃蟹、敢为天下先，实不为过。

其实，人生有两个重要的生存法则：一是创新。穿着别人的鞋，走别人的路，永远走不出新意，更谈不上会有成功的喜悦。人的成功秘诀，并不是循规蹈矩地天天去完成别人交给的任务，而是主动去做自己喜欢的事情，主动去实现自己的理想。二是敬业。快乐地活着，快乐地工作，把每一项工作都做到极致，这就是对敬业精神的最好诠释。

创新精神＋敬业精神，朱老师都做到了。他工作 37 年，用近 25 年的时间，一直研究数学中"童"的内涵，并赋予了全新的定义，实属不易。

1995 年，他在巨野县大义镇中心小学运用童谣组织小学数学教学。1999 年，经过几年的实践探索，他进一步进行大胆改进，开始在五年级数学课中尝试让孩子们自己编歌谣，让学生在数学学习中体验语言的美感，使小学数学真正变得"好玩"。这种童谣教学模式不仅把数学知识变成歌谣，而且在练习中也用歌谣的形式呈现，并渗透相应的数学思维方法。

后来，为了提高学生的探究能力，他又开始了新的数学思维教学研究，即融入童谣的"五段主动疑思教学方法"——"开童蒙"课堂，并有了自己的发明专利。近十年，他相继开展了"童谣""开童蒙""童话"相融合的童话数学教学研究，取得了丰硕的阶段性成果。

近年来，朱老师从"童话数学"的视角，对自己的数学研究进行整体建构。由此，以数学教材知识为主线、以童话故事为载体、以三线式教案为具体设计形式的童话数学课堂教学应运而生。特别是在童话数学课堂教学实践研究方面，他的研究具有独特性、创新性、广普性、实效性，大胆提出了学生本姓"童"的儿童数学教育思想。迄今为止，这是数学界乃至教育界第一次发出这样的声音！

任何事物的发展都不是完美无缺的。2018年，在当年我组织的教学成果培育研讨会上，对于朱老师的童话数学研究，参加论证的专家尽管给予了充分肯定，但也提出了一些意见。但我始终坚信，朱老师的童话教学将数学教育寓于儿童的童趣生活之中，符合儿童的认知特点和教育规律。如果说要提升、要完善的话，可以把"童谣""歌谣""童话"教学实践探索的每个阶段，突破了什么，整合后形成了什么样的数学教育思想，做进一步的深化研究。现在，4年过去了，我看到了朱老师的新成果与新突破。

朱老师20多年的实践探索，无论是童谣教学，还是童话教学，都打破了以往数学教师板着面孔教知识的"僵死局面"，真正让孩子们感受到了学习数学的乐趣。如今，"童话数学"已在全国范围内得到逐步推广，我为朱老师20多年的持续奋斗终成正果感到由衷的高兴，为中国小学数学教育的百花园里又增添了一株来自齐鲁大地的绚烂之花深感自豪！

不负青春，未来可期；以梦为马，不负韶华！愿朱老师的"童"字化教学研究之路越走越宽！

张志勇，北京师范大学中国教育政策研究院执行院长、教育学部教授，教育部基础教育教学指导委员会副主任委员

# 活在自己的童话里

人人都知道，人的生命有起点，也会有终点，但没有谁能猜到自己的一生会怎么度过，一生会有哪些起伏波澜。既然这样，面对自己的人生，我们唯一能做到的就是全力以赴活出最灿烂的自己，用快乐的方式走好这段旅程。

我的人生旅程应该是用一个个"童话"点缀的旅程，这一个个"童话"就像一盏盏"心灯"照亮着我前行的路。

也许是初生牛犊不怕虎，我自教学之初就有很多大胆的、不靠谱的想法。那就是当我每每走进新华书店，翻动一本本散发着墨香的书籍时，就有这样的冲动——我要把自己的书放到别人的书架上！当时是在 1995 年的时间段，一个小学老师能出版发行专著在所有人看来就是一个遥不可及的"童话"，因为我记得那时有的大学教授也得靠补贴出书，虽然当时补贴出书也就几千块钱吧，但对我一个月工资只有几百块钱且刚由民师转正的教师来讲也要近两年的工资才能实现。但我却坚持要试一试，就这样，我 1985 年任教，历练了 13 年，到 1998 年这一年，经历 58 次投稿 57 次退稿之后，终于得到一家出版社的赏识，专门为我的选题召开了选题论证会，从而完成了自己的第一个"童话"——第一本教育专著《小学数学板书设计及其应用》，由山东教育出版社出版并发行，这本教学实践专著当时卖得很火，经过了 4 次再版，全国共发行 2 万册。

出版专著对一个农村小学教师来讲如果勉强算得上"童话"的话，那么获得"特级教师"称号对于一个贫困县的农村小学教师来讲更应该是一个梦中的童话。自从知道教育界还有这样一个荣誉称号后，我就立志去靠近这样一个"童话"，立志成为一个真正的研究者，因此我就一边实践，一边进行反思总结，结果"十年磨一剑"，在2006年终于达成夙愿，成为山东省第一个农村出身的小学数学特级教师。

当时的我仍然不满足于现状，感觉自己的研究还需要一个更高的平台，因此就开始朝着第三个"童话"进军，那就是立志做一名"齐鲁名师"。齐鲁名师评选是很严格的，首届预期评出100名，但在宁缺毋滥的原则下，仅仅评了不到70名，当时我虽然也参与了评选，但在首届被淘汰。我并没有气馁，准备进军第二届，又用4年的时间来沉淀自己，在2009年成为一名"齐鲁名师工程人选"，山东省教育厅对我们这一届名师培养了6年（所有齐鲁名师里面培养时间最长的一届），终于在2015年经过严格考核，我光荣地获得"齐鲁名师"称号。

接下来，我要酝酿第四个"童话"，这一次开始转向真正的童话研究。当时，我思考得最多的就是我们的数学课堂教学如何与课堂上的学生结合。当时我就在想：有个什么样的好办法既能独树一帜又能提高学生的兴趣，独树一帜就是闯出一条不按常规出牌的教学模式，提高兴趣就是让孩子们喜欢上自己的数学课堂。

既然这样想了，我就去进行各项尝试，当时因为在研究"五步主动疑思教学法"，并获得了山东省首届教学成果奖，又联想到童话故事对儿童的吸引力，因此我就在"五段主动疑思教学法"的基础上又往前走了一步，那就是开始践行第四个人生的"童话"——童话数学课堂教学，从而经过了十多年锲而不舍的实践研究，得出了自己与众不同的教学思想——数学姓"童"，即我们的孩子本姓"童"。

在研究童话数学的过程中，我们得到了社会各界的赞同与支持，也得到了国内外一些专家的褒扬，其中国内教育专家如教育部柳夕浪研究员、北师大张志勇教授、天津教科院基础教育研究所陈雨亭所长、南京师范大学吴永军教授、山东师范大学徐继存教授，国外教育专家如美国哈佛大学从事教育培训工作的徐雅主任等。特别是徐雅主任，在指导童话数学教学的同时，还把制作动漫的软件 OKIOAM 推荐给我。但同时也有一些质疑的声音，比如有人问高年级还能再用童话教学吗？他们的天真还在吗？我回复说，如果你不信的话，你就来我们高年级的童话数学课堂，来看一看我们的童话数学阅读，或者去做一个调查问卷，即使是初中生，经过调查发现现在也有 70% 以上的学生依旧对童话故事津津乐道。

十多年的实践研究，终于完成了一张答卷——关于"童话数学教育思想"的答卷。我不仅想让自己的研究在我的团队和工作室生根、发芽、开花，而且更希望让大众老师与学生受益，并能进行大面积推广，让更多的老师、家长、学生受惠，因此我就开始着手策划《数学姓"童"》这部书稿，历经半年的归纳总结，这部小册子总算结稿，羞答答地站在了各位读者面前。

《数学姓"童"》这本书就是记录我从开始研究童谣教学，到研究用实验的办法引导学生走出童蒙，再到课堂上实施童话教学的研究旅程，先是以叙述的形式进行，然后进行自己思想理论的总结论述。

整本书共分为七部分，分别是童话数学缘起、童话数学研究、童话数学模式、童话数学思想、童话数学评价、童话数学拓展，以及我的童话数学团队；每一大部分又分一些小目录，这些内容不外乎三个方面，那就是童话数学阅读、童话数学课堂、童话数学思想，其他方面都是围绕着这三个方面进行研究与拓展的。

一部书稿整理完毕，不禁掩卷长思，感慨万千。"人生天地之间，如白驹过隙，忽然而已。"一点也不夸张，至今日我从教已 37 年，从一开始的莽撞青年到现在知天命，一切都像在昨日，但每走一步我都会告诫自己要尽力走好人生的这段旅程，只有这样当我们回头观望自己走过的路时才能看到那一串串踏实的脚印，只有这样我们才能更有理由给自己的孩子说"想当年，我……"，只有这样我们才能真正体会到奥斯特洛夫斯基那段话的真谛所在——人生最宝贵的是生命，生命属于人只有一次。一个人的一生应当这样度过：当他回首往事的时候，他不因虚度年华而悔恨，也不因碌碌无为而羞愧；在临死的时候，他能够说："我的整个生命和全部精力，都已献给世界上最壮丽的事业——为人类的解放而斗争。"如果这样的话，我也能够自豪地说："我的生命和全部的精力都献给世界上最壮丽的事业——为光荣的教育事业而一直努力着。"

"无限风光在险峰"，研究虽然曲折而艰辛，很多人都是走到半山腰就退了下来，甚至有些教师仅仅站在山脚观望，一辈子也未曾敢迈进一步去尝试一下，如果回头想想，未曾看到山顶那童话般的美景，确实将是一辈子的遗憾。

我向来就有阿Q精神，面对任何失败与艰难，都会用自己编织的"童话"来进行"疗愈"。只有这样，我们才能快乐地活在自己的童话里，并能乐此不疲地去继续奋斗，不断收获自己那美丽的"童话"，这是一个良性循环，我们何乐而不为呢？

为自己的"童话"而努力，一辈子都值！

朱良才
于 2022 年春

# 目录

第一章　童话数学缘起　　　　　　　　001
一、"童"姓的由来　　　　　　　　002
二、"童"姓的优势　　　　　　　　024

第二章　童话数学研究　　　　　　　039
一、研究依据　　　　　　　　　040
二、研究内容　　　　　　　　　054
三、思路方法　　　　　　　　　057
四、创新之处　　　　　　　　　060
五、调查研究　　　　　　　　　061
六、素养渗透　　　　　　　　　068

第三章　童话数学模式　　　　　　　073
一、基于童话的"线"式数学阅读　　074
二、基于童话的"线"式数学备课　　087
三、基于童话的"线"式数学教学　　095

第四章　童话数学思想　　　　　　　143
一、全课程思想　　　　　　　　144
二、数学姓"童"　　　　　　　　153

第五章　童话数学评价　　　　　　　　　　　　161

一、童话数学教学标准（初稿）　　　　　　　162

二、小学童话数学课堂教学评价标准　　　　168

三、小学各年级童话数学阅读评价标准　　　170


第六章　童话数学拓展　　　　　　　　　　　173

一、数学知识创作　　　　　　　　　　　　174

二、童话数学动画　　　　　　　　　　　　177

三、童话数学漫画　　　　　　　　　　　　194

四、童话数学绘本　　　　　　　　　　　　206

五、数学文化渗透　　　　　　　　　　　　223

六、童话数学剧场　　　　　　　　　　　　241


第七章　童话数学团队　　　　　　　　　　　245

一、团队的兴起　　　　　　　　　　　　　246

二、团队的行动　　　　　　　　　　　　　248

三、团队的成果　　　　　　　　　　　　　258


参考文献　　　　　　　　　　　　　　　　　285

后记　感恩遇见　　　　　　　　　　　　　　287

01

第一章

## 童话数学缘起

童话数学教育的模式是近十年间才开始实践的一种数学学习模式，一开始是我自己进行课堂实验、备课实践，后来几年是我带领童话数学工作室团队的老师们一边进行教学实践，一边进行思想理论总结。

很多人也许疑惑我怎么想到了文学与数学的联系呢？童话数学教育的研究，究其原因应该是三个方面，一是因为我 30 年研究的一个延续（即童谣到童话）；二是学生对数学的喜爱程度弱于其他学科，厌恶程度却远远高于其他学科很多，对数学提不起兴趣，谈"数"色变的大有人在（即童蒙到童趣）；三是处于小学阶段的孩子们回到家后往往有这种表现，就是都成了电视的主人，遥控器掌握在他们手里，他们大多寻找的节目是童话电影或童话电视连续剧，当时我就在想，为什么我们的数学课堂不设计成童话的形式呢？为什么不用童话故事把我们的学生吸引到数学课堂上来呢（即童剧到童课）？

## 一 "童"姓的由来

### （一）诵童谣

20 多年前，我以研究数学童谣为主，就是把小学数学的规律、定律、定义、公式、进率等以童谣的形式呈现出来，这样更有利于学生有兴趣地记忆数学知识点，使要掌握的数学知识真正做到"捆"起来"背"走。

当时（我二十多岁）在数学教学的时候常常听到邻居的爷爷、奶奶一边带着孙子一边嘴里还唱着歌谣："小巴狗戴铃铛，丁零当啷到集上，打两个滚，挣两个钱，娶个老婆，生两个孩，大的叫租生，二的叫租蓝……"

歌谣虽长，但作为牙牙学语的孩子来说并不困难，这孩子不到半个小时就能奶声奶气地背诵给自己的爷爷、奶奶听。

我当时就在想，学生对于那些数学定义、规律记忆起来很困难，是不是也可以用这样的形式进行记忆？有了这个想法后我就在自己的课堂上开始运用，比如一年级学习"1"这个数字的时候，我就用以下古诗让学生寻找里面的数字：

一帆一桨一扁舟，

一个渔翁一钓钩。

一俯一仰一场笑，

一江明月一江秋。

等学完了1—10这10个数字以后就让学生用童谣记忆这10个数字各自的形状：

1像小棒2像鸭，3像耳朵不太差；

4像三角小红旗，插在地上随风刮；

5像称钩6像哨，7像镰刀墙上挂；

8像葫芦9像勺，10像小球挨棒打。

后来我总结课堂教学经验，撰写了一篇小短文《小议数学的诗情画意》，发表在2000年的《人民教育》（第1期）。

给孩子一片天地　　　　　　　　刘经洪 41
让每个学生都获得自主、充分的发展 徐学根 42

●学校心理健康教育
中小学心理健康教育征文
　关注学习过程　　　　　　　　马利文 44

●教育与计算机
学会学习——通往知识经济时代的个人护照
　　　　　　　　　　　　　　　刘彦邦 46

●域外教育
美国教育给我们的启示　　　　　高一鸣 48

●生活时空
路，就在脚下
　——访北京十一学校校长李金初　任小艾 50

●教育杂谈
营造一点诗意　　　　　　　　　毛荣富 54

●师恩难忘
我的四位老师　　　　　　　　　戎小春 55

●红烛·校园散文
心中永存的风景　　　　　　　　李金龙 57

●短章集粹
教师面临学生的"挑战"　　　　万继允 58

读书与悟性　　　　　　　　　　王飙 58
"山田本一"的启示　　　　　　　杨宣敢 59
小议数学中的诗情画意　　　　　朱良才 59

●通讯员网站
我对教育宣传工作的认识　　　　刘聪玲 60
我们尝到了订阅教育报刊的甜头
　　　　　　　江西省赣州市教育委员会 60
以订助学　以学促订　黄兴桂　许道彬 61

●一月教育要闻回放
教育部确定 2000 年教育工作重点等 9 则　62
冶金系统扶贫支教贡献突出　　　　　　26

●封面
北京爱你·宝贝儿童趣味摄影工作室供稿

●封二　山东省烟台市工人子女小学：
　　　办现代化学校　育新世纪人才

●插二·插三　江苏省吴江市桃源中学：
　　　桃源苦耕耘　桃李映红霞

●插四　教师书画　　　张树人　冯耀忠
　　　　　　　　　　　陈震宇　邢建国

国外总发行：中国国际图书贸易总公司
　　（北京 399 信箱）
国际书店代号：M17

广告经营许可证：京海工商广字 0210 号
ISSN0448-9365
中国标准刊号：CN11-3549/G4

版式设计：程　路
彩页设计：北京汉墨多媒体技术有限责任公司
2000 年 1 月 4 日出版　定价：4.20 元

的未来和更细微的变化，才能使自己进入一个更高的思想境界。

读书犹如学书法，若当了老师的整天一味地教学生师从古人墨迹，不敢鼓励他们标新立异，纵使他们能把天下的名帖都临摹到几乎乱真的地步，其结果恐怕也难以使他们的书法艺术闪现出动人的光彩。

若我们临摹古人墨迹，是为了更好地了解和学习古人的优点，取其所长，古为今用，逐步形成自己的⋯⋯若是借助前人的智慧使自己变得聪明，并把这聪明和才智奉献于社⋯⋯这才是我们读书的最终目的，也⋯⋯师应经常向学生讲明的道理。

# "山田本一"的启示

江苏省邳州市新河中学　杨宜敢

山田本一是日本的一名马拉松运动员，曾在1984年的东京马拉松邀请赛和1986年的意大利国际马拉松邀请赛中获得世界冠军。他在自传中写道，每次比赛之前，他都要把比赛的路线仔细地看一遍，并把沿途比较醒目的标志画下来。比如，第一个标志是银行，第二个标志是一棵大树，第三个标志是一座红房子⋯⋯这样一直画到赛程的终点。比赛开始后，他就以接近百米的速度奋力地向第一个目标冲去，

当他达到第一个目标后，他又以同样的速度向第二个目标冲去。于是，这40公里多一点的赛程被他分解成几个小目标后，就顺利地跑完了。可见，山田本一的成功，主要得益于"目标分解法"。

在教学工作中，我们不妨也来采用一下这种方法，把预期所要达到的目标，根据学生的实际情况，分解成若干个部分。当他们取得成功以后，及时给予评价和鼓励，使其看到自己的智慧

和力量，从而增强"我能行"的自信心⋯⋯这样，他们就会有信心和勇气去面⋯⋯下一个目标。

反之，如果凡事一开始就要求⋯⋯生达到所谓"远大"目标，有些学生⋯⋯会产生畏惧心理或自卑感，造成自信心动摇，甚至怀疑自己。这样，预期⋯⋯标的实现就较困难。所以，"目标分解⋯⋯法"的实现，能不断给学生创造更多的⋯⋯成功机会。

# 小议数学中的诗情画意

山东省巨野县大义镇中心小学　朱良才

数学中充满着美丽，它好像盈盈一池春水，若送来微风，就能荡起串串涟漪；若融入小溪，就能奏出动听的乐章；若流入大海，也能掀起阵阵波涛⋯⋯数学是神秘的，又是迷人的。

作为教师，应不断发掘数学之魅力，使数学教学充满诗情画意。因此，为更好地调动学生的学习积极性，在数学教学中，我总是想方设法地把数学知识变成一幅画，一首诗，使他们在接受知识的同时，受到美的陶冶。

如教学《小数点位置的移动引起小数大小的变化》时，我以诗配简笔画的形式，让学生形象地了解小数点移动位置与变化的规律：

小数点真奇妙，
张翅膀两头跑。
往右跑数扩大，
往左奔数缩小。
右奔一位扩十倍，
若缩十倍向左跑。

又如，教学《求一个数比另一个数

多几或少几》的应用题时，我为同学们编写了一段顺口溜：

要想比多少，
先把大数找，
大数减小数，
多几便知道。

总之，每当上这种形式的数学课时，学生们乐学的认真，我也教得起劲，并收到了理想的教学效果。

该文中阐述的"小数点位置的移动引起小数大小的变化规律"这一数学知识，教材中是这样叙述的："小数点向右移动一位，相当于把原数乘 10，小数就扩大到原来的 10 倍……小数点向左移动一位，相当于把原数除以 10，小数就缩小到原来的 1/10……"整个规律足足有 160 个字，相当于一篇小短文，如果有一个字错记或漏记，意思就会大相径庭。但如果改编成数学童谣的形式，情况就会很乐观：

> 小数点，真奇妙，
> 张翅膀，两头跑。
> 往右奔，数扩大，
> 若缩小，扭头跑。

这种在教材知识、观点下延伸的数学童谣，不但包括教材中的内容，还包括数学解题方法、技巧、数学思维方法，以及数学思想、数学模型等。如方法教学中面积单位的转换方法，知识的传授应该是从高级单位变成低级单位，要乘进率；从低级单位化成高级单位要除以进率。为了方便学生识记这一解题技巧，就可以用以下数学童谣进行归纳：

> 单位面积众兄弟，
> 门槛有高也有低；
> 如果兄弟去串门，
> 带的礼物是进率；
> 从高到低乘进率，
> 从低到高要除以。

这样的数学童谣既有了解决问题的方法，又有了有趣、幽默的故事情景，对问题的解决、能力的培养定能起到事半功倍的作用。

再如关于数学建模思想的数学童谣，更显示了童谣方式解决问题、建立模型的优势，它能把建模的过程、数学模型、模型思想一一呈现出来，诵童谣的过程就成了数学建模思想的又一次呈现。比如抽屉问题，此类问题的数学模型是至少数＝商 +1，这是物体数除以抽屉数不能整除的情况下；在物体数除以抽屉数能整除的时候，至少数就等于商，用数学童谣建模如下：

> 读题分析找抽屉，
> 然后仔细找物体；
> 抽屉平均分物体，
> 至少数等于商加 1；
> 整除情况也常见，
> 至少等商莫迟疑。

毋容置疑，数学童谣的教与学在激励情绪、突出重点、攻破难点、总结方法等方面起着很大的推波助澜的作用，是愉快教学的催化剂，但要注意数学童谣的规范用语，不能为凑童谣而打破知识框架，更不能喧宾夺主，要让数学童谣真正成为数学学习的"智慧快餐"。

学生对数学童谣教学的兴趣很高，但是在经过几年的课堂实践以后，我逐渐发现这种教学方法有它的弊端，即强化记忆的内容占大部分，很少有实践操作，这样不利于锻炼学生的动手操作能力与实践探究能力。

基于这种考虑，我的研究开始倾斜于学生的实践探究能力的培养，也就是开始转入下一个研究层面——实验＋童谣的模式研究。

## （二）开童蒙

《易经·序卦传》称"蒙者，蒙也，物之稚也"，指出"蒙"是事物在幼稚阶段的状态。事物刚开始的时候，肯定会有迷蒙，儿童生长规律亦然。童蒙，顾名思义就是年幼无知。在这里的童蒙我们可以理解为孩子对数学的无知。

我们的学生为啥讨厌数学，为啥望数学而却步？究其原因就是看不透数学的内在美，既然看不透，那就缺少乐在其中的童趣。没有了乐趣，探究的欲望就会降低，对知识就会产生迷茫，这就是数学的"童蒙"。

数学是美的，无论是数学方法还是数学内容都有着它无与伦比的美感，但这种美又不是浮于教材表面，而是渗透在数学知识之中，这就要靠教师在数学教学中运用特有的教学策略进行渗透。

之所以我们的学生即使学完整个小学阶段的数学知识，也是懵懵懂懂，是因为有的教师仅仅是就数学教数学，照本宣科，没有让孩子们体会到数学的乐趣。

要想让学生们走出童蒙的困境，就要激发学生对数学的兴趣。怎么激发？光喊号子是不行的，必须有一个行之有效的方法。下面略举几例。

1. 用智慧的衔接"开童蒙"

小学数学知识虽然是散布在各年级并呈现螺旋上升的形式，但内部知识的关联要靠老师进行细化与衔接，如果做不到有效衔接，那这些知识就是支离破碎的，学生学习起来就会只从"点"上理解，而不能看到"面"，从而造成一叶障目。

如人教版五年级下册图形的运动（三）这一知识点，例1是展示的钟表的转动，使学生掌握顺时针、逆时针，并掌握旋转的三要素。

从"12"到"1"，指针绕点 $O$ 按顺时针方向旋转了30°；
从"1"到"__"，指针绕点 $O$ 按顺时针方向旋转了60°；
从"3"到"6"，指针绕点 $O$ 按顺时针方向旋转了__°；
从"6"到"12"，指针绕点 $O$ 按顺时针方向旋转了__°。

例2是展示三角板的旋转，目的是使学生掌握实物的旋转方法。

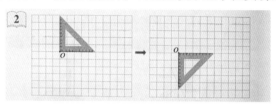

例3几何图形的旋转，目的是在例2的基础上学会画出旋转后的图形。

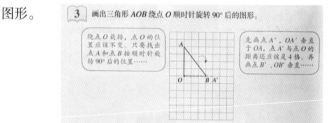

其实这三个例题就是从生活到数学的一个过程展示，有些老师在备课的时候仅仅是对着这三个例题按部就班地顺次讲解，但我感觉中间还缺少点什么，那就是例3所展示的图形的旋转，这个图形是由三条线段构成的，如果在例1后面再加上线段的旋转，这样整个思维环节就完美了，也就解决了这个知识点的童蒙问题。

想想看，如果加上线段的旋转环节，那学生学到图形的旋转，还会望而生畏吗？相反，兴趣度会油然提升。因为例3的知识生长点是线段的旋转后才组成的图形，只有找到这一生长点（根源），知识才能"活"起来。

数学教学无疑就是从实践到理论，再从理论到实践的一个过程。但仅仅这样一个过程我们教师如果不能做好的话，我们的学生就是对某个知识点始终处于童蒙状态。

比如人教版三年级上册 86 页学生学完了长方形、正方形周长计算之后，有这样一道例题："用 16 张边长是 1 分米的正方形拼长方形和正方形。怎样拼，才能使拼成的图形周长最短？"

教学这一知识点，如果照本宣科去讲解，只能使学生暂时学会，不能培养学生的探究意识，因此在教学本知识点的时候，我采用小步走的办法，先让学生探究用 4 张边长是 1 分米的正方形拼长方形和正方形。怎样拼，才能使拼成的图形周长最短？再探究 9 张，然后探究 16 张。

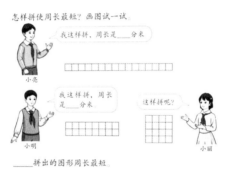

（以上是教材的三种拼法）

即使到这个阶段，教学过程仍没有结束，我还让学生小组合作探究 25 个、36 个……接着对得到的周长数据进行对比分析，从而得到一般规律。

如果说问题没发生前是童蒙的现象，当探究规律之后，就是一个开蒙的惊喜，学生在开蒙之后，童趣会成倍增加。

因此说，学生的"童蒙"就是因为教材中的衔接链不是那么紧密，才造成懵懂现象，这就要求教师做一个无痕的衔接，把数学思维链有效沟通起来，这样，学生才能看到知识的本质，"蒙在鼓里"的学生就会很自然地走出来。

2. 用独特的模式"开童蒙"

为了真正实现"开童蒙"这一目标，我才有了第二个层次的研究，即"五段主动疑思教学法"的研究。

　　自 2001 年 9 月开始，我们在巨野县大义镇中心小学实施小学数学五段主动疑思教学法，其教学步骤是"布阵猜疑、自学质疑、讨论探疑、诗化释疑、深化悟疑"。经过一年的时间探索，感觉学生的动手能力与综合实践能力还是得不到充分发挥，因此在 2003 年 9 月份小学数学五段主动疑思教学法得到进一步完善，即开始实施以数学实验为主的"自学质疑——操作猜疑——讨论探疑——诗化悟疑——深化拓疑"的教学模式，并一直坚持了下来。

　　小学数学以"自学质疑——操作猜疑——讨论探疑——诗化悟疑——深化拓疑"为模式的五段主动疑思教学法自实施以来得到了教师、学生与家长的认可，特别是学生，枯燥无味的数学知识点在自己动手操作中自然而然探索出知识的结果，从而体验了数学家的思维路线，使我们的数学真正变得"好玩"。

　　在教学中，数学歌谣的呈现，使学生也学会了用诗意的语言总结数学知识，从而使数学教学得到了有益的学科延伸。

　　特别应该指出的是，发明专利"数学万能方块"这一套学具，就能以实验的形式操作小学数学 60% 以上的知识点。现有技术中提供的教具都是一些小棒或者是较为简单的正方体或者长方体模型，其仅仅能表达一个知识点或教学信息，而无法系统表达出更多的教学信息。数学万能方块采用一套教具，既能够对数字教学、概念教学、计算教学、性质原理、运算定律等提供教学辅助，又能够对几何教学、计量单位、数学建模提供教学辅助，从而使得该数学教具能够表达出多种数学教学信息。

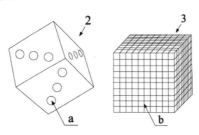

（说明：此发明分数字教学方块 2 和几何教学方块 3。数字教学方块 2 中的 6 个面都有数字标识 a。数字教学方块 2 包括有 6 个数字教学方块侧面，6 个数字教学方块侧面上设置有相同的数字标识 a，例如 6 个侧面上均设置为 3，数字标识 a 为自 0 至 9 中的任意一个数值，全部的数字教学方块 2 上设置的数字标识相异，数字标识 a 可以直接采用阿拉伯数字，也可以设置凹点，类似于骰子的结构，通过凹点的个数代表具体数值；几何教学方块 3 上具有等分线标识 b，较为形象地将一个几何教学方块分割成为 1000 个更小的单位。全部的教学方块体为正方体结构，教学方块体 a 的边长为 1cm。几何教学方块 3 设置有 31 个，辅助教学方块设置有 59 个，数字教学方块 2 设置有 10 个。）

虽然这一教学法早于数学课程标准 10 年提出来，但仍与现行的新的课程标准（2011 年版）不谋而合。现行课程标准的主题就是以学生发展为中心，使人人都能获得良好的数学教育，学生的学习应当是一个生动活泼的、主动和富有个性的过程。本课题在实践检验过程中就是注重学生的思维能力、观察能力、动手能力。给学生一个空间，一个发挥创造能力的平台，让学生在掌握一定的基础知识和基本技能的前提下，能运用所学知识对数学问题做出合理的判断和正确的决策，体会到学习的乐趣和重要性，培养学生认真研究、勇于探索的科研精神，从而为将来走向社会各个行业奠定坚实的基础，让学生真正做课堂的主人。

此项成果得到了山东卫视、山东教育电视台、菏泽电视台、菏泽日报及山东教育导报的大篇幅报道。

此外，山东省巨野县南关小学、文昌路小学、东关小学也分别于 2003 年 9 月与 2005 年 9 月进行了这种教学模式的实践检验，并取得了良好的效果。

操作步骤：

第一步：自学质疑（问题发生）。

此为课堂学习的发生阶段。上课伊始，学生通过对新知识点的阅读发动思维能动性，通过猜疑，渐渐与新知靠近。教师在学生纷纷质疑中，寻找与新知的切入点，相机进入第二阶段的学习。

第二步：操作猜疑（问题发展）。

通过第一回合的思维碰撞，学生对新知有了一个朦胧的认识，并产生好奇心。在这种好奇心的鼓动下，老师鼓励学生用身边的学具进行实验操作验证，并填写实验报告单。

第三步：讨论探疑（思维高潮）。

对于学生们实验操作产生的结论，一一展示给学生，让讨论小组讨论争辩他们得出的结论，并做到相互提问，使问题在相互质疑中化解。

第四步：诗化悟疑（思维喘息）。

此阶段的教学为课堂教学知识思维的一个相对休息阶段，更贴切地说为思维休整。学生们通过面红耳赤的讨论，对所学知识点大部分都有了一个清晰的认识。但学生这时的知识点是散乱的，大部分学生尚不能整理成束，系统归纳出来。这时，作为教师应拿出几分钟的时间帮助学生整理思路，总结知识点，让学生把知识"捆"起来"背"走。

总结的办法应打破课本内容模式，为帮助学生有效地理解记忆，可采用把知识点改编成童谣、顺口溜、七律、五律、绝句等形式，从而把逻辑性强、无生机的数学规律、概念、法则等加工、整理、润色，以增添快乐因素，还数学以生命与活力，这样，学生就能在欢歌笑语中记忆讨论的内容，既增长了有效记忆期限，又陶冶了情操。

第五步：深化拓疑（再创思维高潮）。

此阶段的学习为学生思维修正后的又一次高潮。诗化的陶冶使学生的情绪进入亢奋状态，教师应抓住学生的兴奋点，一鼓作气，引申课题疑点更深一层的内容，使知识点的外延扩大化。在深化的过程中，应注重学生能力的训练与培养，注重知识的训练层次，以培养素质为准则，使学生口、脑、眼、手并用，智、能、技并练。

在模式实验教学中形成统一的数位方格纸、学生实验报告单与教师备课单：

其一，三位数的数位方格纸一张（如图）。

| 个位 | 十位 | 百位 | 个位 | 十位 | 百位 | 个位 | 十位 | 百位 |
|---|---|---|---|---|---|---|---|---|
| 个位 | 十位 | 百位 | 个位 | 十位 | 百位 | 个位 | 十位 | 百位 |
| 个位 | 十位 | 百位 | 个位 | 十位 | 百位 | 个位 | 十位 | 百位 |
| 个位 | 十位 | 百位 | 个位 | 十位 | 百位 | 个位 | 十位 | 百位 |
| 个位 | 十位 | 百位 | 个位 | 十位 | 百位 | 个位 | 十位 | 百位 |
| 个位 | 十位 | 百位 | 个位 | 十位 | 百位 | 个位 | 十位 | 百位 |
| 个位 | 十位 | 百位 | 个位 | 十位 | 百位 | 个位 | 十位 | 百位 |
| 个位 | 十位 | 百位 | 个位 | 十位 | 百位 | 个位 | 十位 | 百位 |
| 个位 | 十位 | 百位 | 个位 | 十位 | 百位 | 个位 | 十位 | 百位 |
| 个位 | 十位 | 百位 | 个位 | 十位 | 百位 | 个位 | 十位 | 百位 |

其二，多位数的数位方格纸一张（如图）。

| 个位 | 十位 | 百位 | 千位 | 万位 | 十万位 | 百万位 | 千万位 | 亿位 |
|---|---|---|---|---|---|---|---|---|
| 个位 | 十位 | 百位 | 千位 | 万位 | 十万位 | 百万位 | 千万位 | 亿位 |
| 个位 | 十位 | 百位 | 千位 | 万位 | 十万位 | 百万位 | 千万位 | 亿位 |
| 个位 | 十位 | 百位 | 千位 | 万位 | 十万位 | 百万位 | 千万位 | 亿位 |
| 个位 | 十位 | 百位 | 千位 | 万位 | 十万位 | 百万位 | 千万位 | 亿位 |
| 个位 | 十位 | 百位 | 千位 | 万位 | 十万位 | 百万位 | 千万位 | 亿位 |
| 个位 | 十位 | 百位 | 千位 | 万位 | 十万位 | 百万位 | 千万位 | 亿位 |
| 个位 | 十位 | 百位 | 千位 | 万位 | 十万位 | 百万位 | 千万位 | 亿位 |
| 个位 | 十位 | 百位 | 千位 | 万位 | 十万位 | 百万位 | 千万位 | 亿位 |
| 个位 | 十位 | 百位 | 千位 | 万位 | 十万位 | 百万位 | 千万位 | 亿位 |

其三，小学数学实验报告单（学生版）。

| 学校 | | 年（班）级 | ___年级___班 | 实验者 | |
|---|---|---|---|---|---|
| 时间 | | 课题名称 | | | |
| 学具： | | | | | |
| 我的疑问： | | | | | |
| 我的猜想： | | | | | |
| 实验步骤： | | | | | |
| 观察到的现象： | | | | | |
| 实验结论： | | | | | |
| 实验反思： | | | | | |
| 指导教师： | | | 自我评定等级： | | |

其四，实验报告单（教师版备课用）。

| 实验内容 | |
|---|---|
| 实验目的 | |
| 实验的提出 | |
| 实验猜测 | |
| 实验验证 | |
| 数据分析 | |
| 实验结论 | |
| 实验应用 | |
| 实验反思 | |

"五段主动疑思教学法"已经取得了以下研究成果：

子课题的研究方面：即数学实验教学中科学方法的培养（包括"演示实验中，培养学生科学的观察法和实事求是的科学态度"与"实验教学中研究方法的培养"）；数学实验教学中科学探究能力培养（包括"学生写实验报告能力的培养"与"学生数据分析能力的培养"）；数学实验与数学模型、数学综合实践活动的对接能力培养

（包括"数学建模能力的培养"与"数学综合实践活动能力的培养"）；学生实验教学中创新意识的形成和创新能力培养（包括"实验教学中思维方法的培养"与"实验教学中学生动手能力的培养"）；数学实验与语文素养的培养；数学实验与传统文化的传承培养；跨学科课程研究（2013 年已经通过省教育科学规划办立项）；"数学万能方块"的具体应用研究（2013 年已经取得发明专利）；数学基本活动经验的培养研究；数学歌谣的研究（分别于 2003 年与 2014 年出版教学专著）等都取得了显著成绩。

教师成长方面：参与实践的大义镇中心小学有三人次被评为市级教学能手，三人次被评为菏泽市优质课；参与实践的巨野县南关小学经过 4 年的实验，学校教师中一人获得省级优质课，两人获得市级优质课；巨野县东关小学参与实验以来得到了教师、学生与家长的认可，特别是学生，在动手、动脑、动口中体验了数学家的思维路线，使我们的数学真正变得"好玩"，班级及格率由实验前的 70% 提高到实验后的 100%；巨野县文昌路小学经过这次实验，有一名教师获市级课堂比赛一等奖，两名教师获得菏泽市教学能手称号，同类平行班比较，实验前的 80% 的及格率提高到实验后的 100% 的及格率。

学术研究方面：经过 13 年的实践检验与深化研究，小学数学五段主动疑思教学法于 2002 年 6 月获得中国教育学会科研成果二等奖；由中国林业出版社出版《小学数学歌谣轻松教与学》；由新华出版社出版《教育三十七度二》；团队教师发表专业论文数篇。最值得欣慰的是"小学数学五段主动疑思教学法"在 2014 年获得山东省首届教学成果奖（三等奖）。

教学有法，教无定法，贵在得法。教学模式也不是一成不变的，我们作为教师也应该具体问题具体分析，就小学数学五段主动疑思教学法而言也有它的局限性，比如把小学数学中的应用题部分全部变成可以进行实验操作的课堂教学，还需要进一步探究如何与教材内容变通；再比如，在这一模式下引申出的"教育三十七度二"思想研究，也仅仅处于问题的探讨阶段，深入研究还有一段很长的路；还有这一模式下如何做好数学思想、数学基本活动经验与综合实践活动的有效对接，这也是一个很有研究价值的课题，还应继续对此进行研究探讨。

## （三）讲童话

自实施开童蒙（"实验＋童谣"教学）以来，虽然取得了一定的成绩，但我发现孩子的注意力、兴趣点还是不能有效地、自发地拉动到数学课堂上来。

怎么办？

这就有了开篇我说的那个场景，即孩子对童话电视剧、童话电影的钟情启发了我，为什么不把数学课堂变成童话的数学课堂呢？

有了这个想法，就开始改变我原来的教学方法。以前在课堂上实施的是"小学数学五段主动疑思教学法"，没有情景依托，现在是在这个教学法的每个环节都加入童话故事情景，以故事带动数学知识，五个环节又是一个完整的童话故事。

比如人教版二年级下册《有余数的除法》：

## 春天里的故事（上）
### ——有余数的除法（第一课时）

| 教学内容 | 人教版教科书二年级数学下册第60页例1及做一做。 |
|---|---|
| 教学目标 | 1. 通过分草莓的操作活动，使学生理解余数及有余数的除法的含义，并会用除法算式表示出来。<br>2. 使学生经历余数的形成过程，及把平均分的现象抽象为有余数的除法的过程，培养学生观察、分析、比较的能力。<br>3. 渗透借助直观研究问题的意识和方法，使学生感受数学和生活的密切联系，感受学数学，用数学的快乐。 |
| 教学重点 | 理解余数的形成过程及有余数的除法的含义，并会用除法算式表示有余数的除法。 |
| 教学难点 | 理解有余数的除法的含义，及余数的单位名称。 |

| 教学过程 | | |
|---|---|---|
| 童话故事线 | 教材线 | 课堂教学线 |
| 春天到了，小动物们兴高采烈地去郊外游玩。<br>他们翻过栅栏，越过草地，穿过树林，一边玩耍一边为野餐做准备。（采集食物） | | 一、导课<br>同学们喜欢郊游吗？让我们跟随这些可爱的小动物一块去郊游吧。 |
| 长鼻象摘了8个桃子，他打算每2个摆一盘。 | 摆3个，正好摆完。<br>$9 \div 3 = 3$（个） | 二、新授<br>师：把这些桃子每2个摆一盘，可以摆几盘？哪个同学愿意说说自己的方法？<br>[板书：$8 \div 2 = 4$（盘）]<br>师：根据题意，这个算式表示什么意思？ |

| 童话故事线 | 教材线 | 课堂教学线 |
|---|---|---|
| 突然，翻脸猴一下子蹿出来，抓起一个桃子塞进嘴里，呲溜爬上树梢。 | <br><br>摆 3 个，还剩 1 根。<br>10÷3=3（个）……1（根） | 师：同学们想一想翻脸猴拿走了一个桃子，现在还有几个？<br>可是长鼻象还是打算每 2 个摆一盘，现在可以摆几盘呢？<br>请同学们拿出桃子图片，先想一想，再圈一圈。<br>师：谁愿意到前面展示自己的作品？你能说一说你这幅图表示什么意思吗？<br>师：你们和他想的一样吗？这一个桃子为什么不再分了？<br>师：大家都很聪明，和老师想到一块儿。请同学们看大屏幕，每 2 个桃子圈一个圈表示？圈 3 个圈表示？分到最后余 1 个桃子。哪位同学能连起来说一说这个图表示什么意思？<br>师：你们能根据大家的分析，用算式把这个图表示出来吗？<br>●学生试写并汇报。<br>●学生汇报想法。<br>●引出写法：7÷2=3（盘）……1（个）读作：7 除以 2 等于 3 余 1。<br>师：这个算式表示什么意思？<br>师：请同学们仔细观察这两个算式，我们今天学的除法跟以前学的有什么不一样的地方？（有余数）<br>师：今天我们研究的的就是有余数的除法。（板书课题） |
| 刚好被大耳熊逮了个正着。他粗着嗓门喊到："你这猴子，快去捡些树枝！我抓了 17 条鱼，每 2 条串一串。马上就有烤鱼可以吃了。"<br>短尾兔接着说："（酷！）太棒了！我们还可以烤蘑菇！一共有 23 个蘑菇，可以每 3 个串一串。" | （1）17 个★，2 个 2 个地圈。<br>★★★★★★★★★<br>★★★★★★★★<br>圈了（ ）组，<br>剩下（ ）个。<br>17÷2=□（组）……□（个）<br><br>（2）23 个●，3 个 3 个地圈。<br>●●●●●●●●●●●●<br>●●●●●●●●●●●<br>圈了（ ）组，<br>剩下（ ）个。<br>23÷2=□（组）……□（个） | 三、巩固练习<br>师：同学们拿出答题卡，分别圈一圈、填一填。 |

| 童话故事线 | 教材线 | 课堂教学线 |
|---|---|---|
| 大家采集到的食物真是太丰盛了，有钻地鼠翻到的红薯，卷毛狗掰的玉米，翻脸猴摘的苹果…… | | |
| 小动物们边烤边吃，可开心了。可是不一会儿，太阳公公变了脸，乌云密布，很快要下雨的样子。大家一看烤红薯还有许多，他们决定装袋子里带走。有的说4个装一袋，有的说5个装一袋，还有的说6个装一袋。 | 有21个窝头，选一种装法，圈一圈，填一填。<br><br>装法1： 装法2： 装法3： | 四、拓展练习<br>师：请同学们用你自己喜欢的方法圈一圈、填一填。 |
| 最后还剩9个苹果，4只小刺猬兄弟自告奋勇要求平均分开背着。 | 9支铅笔，平均分给4人。分一分，把分的结果画出来。<br><br>每人分（ ）支，还乘（ ）支。<br>9÷4=□（支）……□（支） | |
| | | 五、课堂总结<br>师：我们今天这节课学习了什么内容？ |
| 大家齐心协力，终于把采集的所有粮食搬走。就在这时大雨哗哗地下了起来…… | | |
| | | 同学们想知道接下来发生了什么事情吗？咱们下节课就会知道了！ |

附板书设计：

有余数的除法

8÷2=4（盘）

7个苹果，每2个一盘，摆3盘，余1个。

7÷2=3（盘）……1（个）

被 除 商 余

除 数 数

数

关于这一环节，以后章节会有详细阐述，在此不再一一赘述。

童话作为一种儿童喜闻乐见的文学体裁，有着经久不衰的独特魅力，我们不难发现，童话教学的价值正在被大家重视和挖掘。当前的众多童话故事教学研究主要集中于语文教学，关于小学数学童话教学的研究很少，而且只局限于一线教师课堂教学环节的设计，特别是整节数学课用一个完整的童话故事呈现的形式更是没有，从而造成了小学童话数学教学研究不够深入。但是这样的童话教学研究及其他学科的童话故事研究参考文献仍然为我们进行小学童话数学教学研究提供了理论支持。

再者，孩子对童话的喜爱程度甚于其他文学体裁，因此把童话引入数学是一种阅读的需要，是一种兴趣的需要，是一种跨学科的需要，更是学科核心素养的需要。

### （四）观童漫

如果说"开童蒙"是从触觉上引起学生的兴趣，那么"观童漫"就应该从视觉上引起学生兴趣。

童漫，即儿童动画或漫画，动画是在漫画的基础上产生的。童漫可以开发想象力、培养幽默感，因此，数学知识转化成数学动画，真正能做到寓教于乐，开拓孩子的视野，满足求知欲，潜移默化地传输些基本的价值观和行为准则；还能净化孩子的心灵，为宣扬真、善、美提供一些可供模仿的模样和行为规范，以此促进是非观念的形成，培养良好的道德品质。

把数学知识制作成动画片的学习形式，应该说学生的兴趣点又提升了很大一步，比如《鸡兔同笼（小鸡和小兔的家庭史）》这一数学问题，应该是 90% 的学生都头疼的，但如果用动画片的形式展现出整个思维过程的话，就是完全不一样的一个境界。

---

**小鸡和小兔的家族史**

……

（14）数学村 树林旁

小鸡和小兔们围着兜兜和妞妞。

小鸡甲：你们可真是厉害呀。

突然，地上出现一团阴影并慢慢变大，众人抬头，看见一只老鹰正飞过来。

小兔子们吓得站了起来，小鸡们用翅膀捂住眼睛。

妞妞和兜兜抱在一起。

凶恶的老鹰还是挥舞大刀，把小兔子与小鸡站在地上的脚全部都砍掉了。

一阵凉风吹过，小鸡们和小兔们疼得浑身打颤。

（15）出镜教师＋妞妞兜兜形象

出镜教师：同学们思考"把小鸡与小兔站在地上的所有的腿都砍掉了"说明砍掉了多少腿？为什么？怎样列式？还剩多少条？怎样列式？

……

---

综上所述，"诵童谣""开童蒙""讲童话""观童漫"并不是一个相对独立的研究过程，而是在实践研究中逐渐深化、交叉，最后融合的过程；它们更不是一成不变的，而是在学生兴趣的基础上，不断地推陈出新，从而顺应孩子的天性。

总之，经过了二三十年的研究，兜兜转转，我蓦然发现自己一直在围绕一个字在研究，那就是"童"字，因此，我就大胆提出自己的想法——数学姓"童"，这个思想观点在我的论文《我们的学生本姓"童"》里进行过详细的论述。

## 二 "童"姓的优势

小学数学的数量关系、空间形式、问题解决等虽然貌似简单，但对有些学生来说却充满着神秘感，当思维受阻的时候，学生就会对那些符号、公式、定义产生畏惧感，甚至排斥，为了使学生从心理上乐于接受数学知识，我选择了把这些数学公式、定义、性质以及数学思想等融入到童话中这一教学方式。

### （一）突破教学的重难点

一堂数学课上得好不好，关键看教师是否正确地讲解了教材的基本内容，是否突破了教材的重点及解决了教材的难点，使学生真正地理解和掌握了教材的基本知识。教师在教学中能否抓住重点、突破难点，是做好教学工作的基本条件，也是教师能力的表现。

因此一堂课中的重难点，有时候处理不当就会造成整节课或整个知识点的沦陷。

如《小鸡和小兔的家族史（鸡兔同笼）》的教学重难点就是建立数学模型，用假设法解决这一类数学问题，并积累数学活动经验。这是一个很有趣的数学问题，但很多学生就是在假设这一环节总是绕不过来这个弯，不会熟练应用"假如都是鸡或假如都是兔"这一教学重点和难点。为了突破这一重难点，在故事中我设置了这样一个童话情景：突然，一只老鹰飞过来，小兔子们都吓得一下子站了起来。但是，凶恶的老鹰还是挥舞大刀，把小鸡与小兔站在地上的所有的脚都砍掉了。这样就把"假设都是鸡"这一重难点化为一个可视、可模拟的情景——站在地上的都是两只脚，砍掉后剩下的脚都是兔子的脚，从而使学生再也不会在这个难点处犯怵，实现了在数学学习过程中体验获得成功的乐趣，锻炼克服困难的意志，建立自信心的教学目标。

再如《移多补少》这一知识点是这样进行突破的：

| 童话故事线 | 课堂教学线 |
| --- | --- |
| 被刺疼的太阳王子再也不敢碰仙人掌了，他找来小石子代替仙人掌，然后把所有的小石子先合起来，再分成一样多的两份。 | 1. 你的想法跟太阳王子一样吗？请大家仿照太阳王子的做法在练习本上画一画。 |
| 这一切都被月亮公主看在眼里，她看到太阳王子被刺得满地打滚笑得前仰后合，又看到他用石子在那里摆弄，就赶紧走过来出主意。 | |
| 只见月亮公主把多出来的2个石子移到下面一排，两排瞬间就一样多了，排列很是整齐，太阳王子拍手叫好。 | 2. 月亮公主的做法你理解吗？在练习本上画一画圈一圈。 |
| 正在这时，不远处花婆婆在大声喊他们。原来今天花婆婆请客，也邀请太阳王子与月亮公主参加，但是不巧的是一桌人特别少（1个客人），一桌人特别多（9个客人）。 | |
| 太阳王子和月亮公主各有办法。太阳王子把所有客人合起来，再分成一样多的两份；月亮公主把多的8个人，分成一样多的两份，每份4人。 | 3. 两人为一个小组，分别代替太阳王子与月亮公主把各自的想法在练习本上圈一圈、画一画，并说一说。<br>师：请同学们把学具包打开，取出圆片代替客人，一人扮演太阳王子，一人扮演月亮公主，摆一摆，试试看。 |

续表

| 童话故事线 | 课堂教学线 |
| --- | --- |
|  | 在摆的过程中，教师边巡视边指导，上下一一对应着摆，这样更有利于发现结论。<br>在"移多补少"的过程中，学生可能会一个一个的移，也可能会把多的部分拿出一半补给对方。<br>操作结束后学生交流操作经历，教师利用课件配合展示。 |

## （二）构建知识的衔接点

数学知识之间都存在着千丝万缕的联系，没有哪一个知识是孤立存在于教材中的，因此要建立新知与旧知的衔接点、新知与练习的衔接点、基础与深化的衔接点，甚至是练习与下节知识点的衔接点。

如教学《海底总动员（一位数除整十、整百、整千数 [ 首位能被整除 ] 的口算 )》就有这样的故事进行衔接旧知：在太平洋和印度洋流域大堡礁的深海里，生活着这样一些小丑鱼家庭，它们有 6 条小丑鱼平均以 3 只海葵作为自己的家。作为教师就要根据这个情节进行提问：6 条小丑鱼平均住进 3 只海葵里，每只海葵住几条小丑鱼？这样学生们就会在引起旧知（表内除法）的回忆中开始了故事的阅读和教学。

再如《认识几时几分》是在学习了《认识钟表》的基础上学习的，通过童话故事这样进行衔接。

## 钟表王国
### ——认识几时几分

| 童话故事线 | 教材线 | 课堂教学线 |
|---|---|---|
| | 导入 | 师：来，请同学们和老师一起读童话故事，学数学知识。 |
| 在钟表王国里，有 12 个同样大小的房间，每个房间都挂着一个门牌号，从数字 1 到数字 12。里面还住着一个又胖又矮的国王，和一个又高又瘦的卫兵。他们每天都在不停地巡视着每个房间，并一边走，一边唱歌："小小指针真有趣，一长一短走不停，分针正好指 12，时针指 1 是 1 时，分针正好指 12，时针指 2 是 2 时——" | 复习旧知 | 请同学们猜一下，12 个房间指的是什么？那又胖又矮的国王指的是谁？<br>又高又瘦的卫兵指的是谁？<br>他们唱的这首歌，谁能继续往下唱？<br>谁能说一说这歌唱的是什么？<br>生：认识整时的方法。<br>师：谁能完整地说一说？ |
| | | 师：同学们真棒，都能认识整时。我们再看一下钟表王国里发生什么了？ |
| 国王时针准备在某一个时刻开始举办一场宴会，邀请小动物们来参观钟表王国。 | 新授设置冲突引入新知 | 课件出示时钟<br>师：这是宴会开始的时间，你知道是什么时刻吗？<br>生：7 时多。<br>师：对，是 7 时多，多多少分呢？今天这节课我们就进一步认识几时几分。（板书课题：认识几时几分） |

## （三）架设学习的兴趣线

我们不难发现，孩子喜欢看动画片，对童话故事、童话动漫、童话绘本乐此不彼、全神贯注。由于童话的趣味性，很多数学教师都在尝试将数学知识和童话故事相结合进行教学，但大多是零散的，不系统的。

比如仅仅在导课的时候出示一个童话情景，但进入新授课以后就丢掉了故事，这样刚刚被点燃的激情又被出示的数字"冷面孔"吓了回去，畏惧感占了上风；再比如，有些教师在新授环节设计一个有趣的童话情景，但仍然是紧紧配合例题进行设计，例题学完了，那些故事也被丢到九霄云外，仍然起不到激发兴趣进行再创造的作用；有的仅仅是一节课用了童话故事贯穿课堂，但剩余的课堂又回到了专门传授知识的教学。

《单价、数量、总价》应该很贴近生活，但每当学习这个的时候，学生的兴趣仍然不高，为什么呢？太简单了。但就是这个太简单的数学问题，往往容易出错。为了学好这节知识，我就用童话故事这样引起学生的注意与兴趣：

### 推销员灰灰
#### ——单价、数量和总价

| 教学内容 | 人教版四年级上册 P52 例 4 探索"单价、数量与总价"的关系 | | |
|---|---|---|---|
| 教学目标 | 1. 通过具体情境，知道单价、数量、总价的意义，初步理解三者之间的关系。<br>2. 构建"单价 × 数量 = 总价、总价 ÷ 数量 = 单价、总价 ÷ 单价 = 数量"的数学模型。培养学生发现问题、分析问题与解决问题的能力。<br>3. 体会数学与生活的密切联系，激发学生对数学的学习兴趣。 | | |
| 教学重点 | 构建"单价 × 数量 = 总价、总价 ÷ 数量 = 单价、总价 ÷ 单价 = 数量"的数学模型。 | | |
| 教学难点 | 运用单价、数量和总价三者之间的关系解决现实生活中的问题。 | | |
| 教学过程 | | | |
| **童话故事线** | **教材线** | | **课堂教学线** |
| 小毛炉灰灰慢慢长大啦，他也开始跟着爸爸妈妈学拉磨，就这样整天整天在磨道里转圈圈，慢慢地，慢慢地，灰灰就厌倦极了，他想换一种活法。 | | | |

续表

| 童话故事线 | 教材线 | 课堂教学线 |
|---|---|---|
| 爸爸与妈妈看到儿子这样，也很理解自己的孩子，就决定让他单独去闯世界。<br>灰灰听说爸爸允许自己去外面的世界开眼界，别提有多高兴了。他思来想去，决定去做个推销员，自由自在地走遍大江南北。<br>为了准备外出的必需用品，他特意去商店购买了饮料、快餐面、薯片，其中饮料3元/瓶，快餐面5元/桶，临走时，在快餐部吃了一盘18元的炒面，拍拍肚子，打了一个饱嗝就上路了。 |  | 一、复习旧知，引出新课<br>1. 口答：<br>$3 \times 7 = 21$　$21 \div 3 = (\ \ )$<br>$21 \div 7 = (\ \ )$<br>$(\ \ ) \times (\ \ ) = (\ \ )$<br>$42 \div 7 = (\ \ )$<br>$(\ \ ) \div (\ \ ) = (\ \ )$<br>2. 这是家家乐超市的部分商品标价牌，你知道它表示的意思吗？<br>饮料：3元/瓶　快餐面：5元/桶<br>炒饭：18元/盘<br>每件商品的价钱，叫做单价。<br>3. 下列话中，你能说出哪个量表示的是商品的单价？<br>（1）铅笔每盒7.8元，买2盒，一共15.6元。<br>（2）薯片10元/包，买3包，共30元。<br>（3）校服70元每套，买5套，一共350元。<br>像2盒、3包、5套这样表示买了多少，叫做数量。<br>像15.6元、30元、350元表示一共用的钱数，叫做总价。 |
|  |  | 4. 揭示课题。<br>师：其实在我们刚刚解决的这个购物问题中存在着一种数量关系。今天我们一起来研究这种常见的数量关系。（板书课题：单价、数量和总价） |
| 灰灰首先来到一家健康活动中心为体育器材公司推销篮球，一个篮球80元，不一会就推销了3个；<br>然后灰灰看到一家果园的苹果滞销，就为这家 | （1）<br>篮球每个80元，买3个要多少钱？<br>$80 \times 3 =$____（元） | 二、自主探究，构建模型<br>1. 教学"单价、数量、总价"三者之间的关系。<br>课件出示例4：<br>（1）从题目中我们了解了哪些数学信息？要我们解决的问题是什么？ |

续表

| 童话故事线 | 教材线 | 课堂教学线 |
|---|---|---|
| 果农推销苹果，一千克苹果 10 元，仅仅猴子兄弟俩就要了 4 千克。 | （2）<br><br>鱼每千克 10 元，买 4 千克要多少针？<br>10×4=_____（元）<br><br><br><br><br><br><br><br><br><br><br><br><br><br><br>单位 × 数量 = 总价 | ①你们能解答这两个问题吗？请列式计算。<br>②为什么用乘法计算呢？<br>第（1）小题要求的是 3 个 80 元是多少元。第（2）小题要求的是 4 个 10 元是多少元。<br>（2）观察这两道题的已知条件，有什么共同特点？所求问题有什么特点？<br>师：同学们可真会观察，发现了它们都是已知每件商品的价钱，要求买几件这样的商品要花多少钱。<br>（3）标出算式中的单价、数量、总价。<br>（4）总结三个量之间的关系。<br> 80 × 3 = 240<br> ↓ ↓ ↓<br> 单价 数量 总价<br>答：买 3 个要 240 元。<br> 10 × 4 = 40<br> ↓ ↓ ↓<br> 单价 数量 总价<br>答：买 4 千克要 40 元。<br>由此得出：单价 × 数量 = 总价。<br>（5）小结：在我们日常生活中经常遇到买商品的事情，掌握了"单价 × 数量 = 总价"这个数量关系后，买东西时只要看到商品的单价和我们需要的数量，就可以用单价乘数量求出总价了。<br>2. 建立模型。<br>（1）知道总价、单价，怎样求数量？<br>（2）知道总价、数量，怎样求单价？<br>师小结：单价 × 数量 = 总价，总价 ÷ 数量 = 单价，总价 ÷ 单价 = 数量。（板书） |

| 童话故事线 | 教材线 | 课堂教学线 |
|---|---|---|
| 灰灰的热情与爱心在商业界很快就就出了名,有些经销商纷纷主动跟灰灰签订推销合同。其中校服厂每套校服120元,让灰灰尝试推销5套;又为粉笔厂推销了4箱粉笔,收入840元。 | (1)每套校服120元,买5套要用多少元?<br>(2)学校买了3台同样的复读机,花了420元,每台复读机多少元? | 3.练一练:<br>(1)课件展示教科书P52"做一做"第1、2题。<br>先说出每道题中已知的是什么,要求的是什么,再说说用什么数量关系式进行解答。 |
| 灰灰还为一所学校的孩子们献爱心,把自己的收入全部购买了文具盒、书包、乒乓球、羽毛球,邮寄给山区贫穷的孩子们。 | | (2)根据单价数量与总价的关系,填写下面表格: |

| 物品 | 文具盒 | 书包 | 乒乓球 | 羽毛球 |
|---|---|---|---|---|
| 数量/个 | 12 | 5 | 200 | |
| 单价/元 | 15 | | 3 | 5 |
| 总价/元 | | 490 | | 750 |

| 童话故事线 | 教材线 | 课堂教学线 |
|---|---|---|
| 离开家乡很久了,灰灰也很思念爸爸妈妈,就为爸爸买了帽子,为妹妹买了一台电脑,为妈妈买了一双她最喜欢的高跟鞋。他知道奶奶怕冷,就特意为奶奶买了爱心热水袋。 | | 三、运用模型,解决问题<br>(一)我会填:<br>每顶帽子18元,买3顶需要多少钱?<br>1.每件商品的价钱,叫做( );买了多少,叫做( );一共用的钱数,叫做( )。<br>2.填一填:<br>$18 \times 3 =$ _____(元)<br>3.( )×数量=总价;( )÷( )=单价;( )÷( )=数量<br>(二)判断题。(对的打"√",错的打"×")<br>1."一个保温杯55元,李老师买了4个保温杯要花多少钱?"这道题求的是单价。( ) |

| 童话故事线 | 教材线 | 课堂教学线 |
|---|---|---|
| | | 2. 已知每双鞋子的价钱和购买鞋子所花的钱数，用所花的钱数除以每双鞋子的价钱可以求出购买鞋子的数量。（　） 3. "学校买回一些 18 元一个的热水袋，共花了 90 元。"18 元是总价。（　） |
| 但灰灰对自己一直都很节俭，哪怕一瓶果汁，也要问一问是否有促销活动。 | | （三）课件展示教科书 P55 "练习九"第 8 题。 学生可能只会想到单买其中一种的思路，教师可提醒学生还可以两种搭配着买。 （四）一种果汁每瓶 16 元，五一搞促销活动，买 3 瓶送 1 瓶，每瓶便宜多少钱？ |
| | | 四、课堂小结，畅谈收获 师：同学们，今天的数学课你们有哪些收获呢？ 师生共同小结购物问题中的数量关系。 |

灰灰最大的愿望是改变整个毛驴家族的命运，"不能再这样长年累月拉磨了"，灰灰常常这样想，为此他就为这个目标努力着，最后他终于成功了，他为毛驴家族送去了一台台电动推磨机，毛驴们都夸灰灰是个了不起的孩子，但另一个难题又来了，剩余的这些劳动力怎么办呢？这也难不倒灰灰，这不，一家大型公司在毛驴村很快就成立了，具体情况下一集你就知道了。

附板书设计：

单价、数量和总价

每件商品的价钱，叫做单价；买了多少，叫做数量；一共用的钱数，叫做总价。

单价 × 数量 = 总价

总价 ÷ 数量 = 单价

总价 ÷ 单价 = 数量

### （四）达到高效开童蒙

如果说上面说的"五段主动疑思教学法"是一种开童蒙的手段的话，那么童话数学课堂教学应该是更进一步的"开童蒙"的过程，打个比方说，童话数学教学应该就是拿着"童话"这把兴趣的"钥匙"去开启知识的宝库，从而取得"蓦然回首，那人却在灯火阑珊处"的惊喜。

这种高效的开童蒙经历应该包括"开算理之蒙""开模型之蒙""开思维之蒙"等形式。

1. 开算理之蒙

在童话故事环节之后，让孩子们用实验的办法（数学万能方块与地纳斯方块相结合）领会算理，从而突破教学重难点。

如：324+153=477，故事渗透这个加法算式之后，教学线主要分三个层次：第一层次借助数学万能方块与地纳斯方块领会算理，第二层次展示交流、描述算理，第三层次归纳、提炼、优化算法，从而牢固掌握多位数加减法的算理与算法。

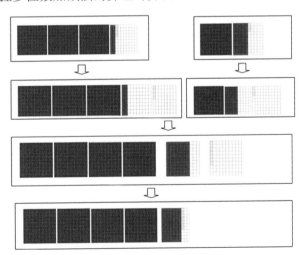

2. 开模型之蒙

如乘法交换律的数学模型是 ab=ba。

为了渗透模型思想，童话数学课堂在基于童话故事的基础上要做到如下数学建模过程：

（1）一辆汽车每小时行 60 千米，5 小时行多少千米？

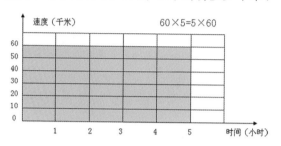

（2）每支钢笔的价钱是 8 元，买 12 支钢笔的总价是多少元？

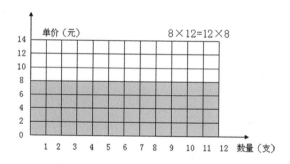

（3）修一条公路，每天修 50 米，8 天修完。这条公路长多少米？

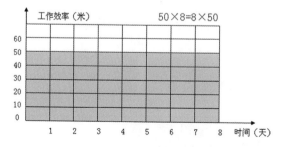

（4）长方形操场的长是 100 米，宽是 70 米。面积是多少平方米？

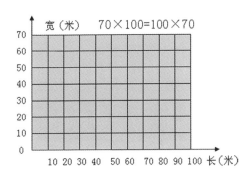

在这个建模过程中，探究新知环节（建模环节），主要应该通过引导学生对主题图的观察，让学生探究解决"路程"和"总价"等问题，找出解决问题的相关信息，并会用不同的方法解答。在此基础之上，再引导学生通过对两种方法的比较，归纳总结出乘法交换律。随后还引导学生学会运用刚刚学到的乘法交换律进行简便计算，培养了学生学以致用的能力。

3. 开思维之蒙

数学思维应该是我们小学数学教育的最重要的目标，我们的童话数学教学也同样在这方面做着实践与研究工作。

比如有这样一个故事环节：

老龙王没有说话，而是带领大家来到龙宫。

在龙宫的一个角落，老龙王打开了一个柜子说："这是我的酒柜，柜子上摆放着大、中、小瓶的三种酒。只知道小酒瓶里装200克酒，每层装的酒同样重。那么大酒瓶和中酒瓶里各装多少克酒？"

八戒听了后，确实有些懵，他转脸看看小白龙，生怕小白龙也犯怵，那样就彻底被老龙王说中了。

小白龙倒是很沉着，只听他说："既然三层盛的酒同样多，那

么从上面两层就能看出，一个大酒瓶盛的酒是两个中酒瓶的和。"

"这样的话，从第一层和第三层我也能看出来，一个中酒瓶相当于两个小酒瓶。"八戒也好像明白了什么。

"那就用置换法。"小白龙接着说，"既然一个大酒瓶盛的酒是两个中酒瓶的和，一个中酒瓶相当于两个小酒瓶，那么一个大酒瓶就相当于四个小酒瓶，每个小酒瓶装 200 克酒，照这样计算每个中酒瓶就是 400 克（200×2＝400），每个大酒瓶就是 800 克（200×4＝800）。"

小白龙一股脑儿地把自己的思路告诉给老龙王。

"阿弥陀佛，善哉善哉，你儿子这么机灵，龙王您还有什么不放心的呢？"没等老龙王说话，唐僧就激动地评价说。

老龙王看难不住儿子，也就不再坚持，只得答应小白龙的要求。

在这里就是用"置换法"来思考数学问题的。这道题目的原型是：商店货架上摆放着大瓶、中瓶、小瓶三种洗发液。只知道小瓶里装 200 克，每层装的洗发液同样重。大、中瓶里各装多少克洗发液？

　　解决此类题的关键是由上、中两层可知，一大瓶相当于两中瓶，由中、下层可知，一中瓶相当于两小瓶。那么一大瓶就相当于 4 小瓶，从而得到大、中瓶的重量。

　　……

　　鉴于以上几点，我提出了基于童话的小学数学"线"式探究学习，以一种感性的方法融入到理性的数学中去，即在丰富多彩的童话情境中学习数学知识。整节课 40 分钟用一个童话故事贯穿并诠释本节课的数学知识，整个小学阶段 360 个数学知识体系又是一个完整的大故事，并与现行教材同步，从而培养学生爱数学、喜欢数学的情感，激起学生的求知欲望与创造意识。

02

# 童话数学研究

研究童话数学总是有着自己的理由，因为这是我自己的一个梦想，从 25 年前就有着这样一个憧憬，那就是把数学知识变成童话故事的形式，并付诸行动，当时写的是《小糊涂仙遨游数学王国记》（完全是手写稿）。

这样的研究虽然最后没有出版或发表，但这套原始手稿经过无数次的修改，就成了后来出版的童话数学小说《笨笨猫学数学》的原始素材，这更在我心里埋下了童话数学研究的种子。就在 2010 年，我又重新开始了这项研究——小学童话数学的研究，并一直坚持到现在，今后还会继续坚持下去，带领团队一边实践一边进行研究。

## 一 研究依据

运用童话故事进行数学教学对于小学阶段的教育有着重要的意义，越来越多的教育学专家开始针对这种教学模式进行了详细的探究实践。那么在小学阶段，教师应当采取怎样的教学方式进行童话教学呢？这是当前小学数学教育领域中亟待解决的问题之一，关于这一问题的研究相对较少，但仍有值得我们借鉴学习的内容。

在对文献梳理的过程中，笔者用"童话故事教学"作为关键词在中国知网总库中进行检索，总共搜到 2010 篇论文，领域大多涉及语文教学。笔者用"小学童话数学教学"作为关键词对中国知网总库中的相关研究进行检索，共检索到 41 篇论文。这 41 篇论文主要是期刊论文，而且内容集中于一线教师教学经验的总结。由此可见，对于小学童话数学教学的研究在当前还有待完善。

## （一）国外研究现状

国外教育领域中关于童话教学的研究相对早一些，根据目前能够收集到的资料显示，最早的童话教学观念出现在美国，美国国家科学基金会联合赞助出了一本名叫《围绕解决数学难题的冒险故事》的书籍，这本书就是典型的童话教学案例，针对小学低年级阶段的学生，研究出了一套将数学理论知识与趣味童话相结合的教学模式，学生们被其中的故事情节和人物所吸引，在轻松愉悦的情景中快乐地学习。美国著名作家麦克里德就是童话教学的代表人物之一。2012 年，麦克里德在自己的数学童话中讲述了一个狗妈妈带领五只狗宝宝出门散步的故事，并将其与数学问题结合起来：在散步的过程中一只狗宝宝睡着了；大家走到一个小女孩门口的时候，有两只狗宝宝被小女孩抱走了；在回家的路途上，有两只狗宝宝和它们的小猫朋友玩耍，忘了回家的时间……作者在这个简单的故事中利用散步、走散等童话情节引出了一系列的数学加减问题，将童话故事与数学问题很好地结合在一起。美国另一位颇负盛名的童话作家圣克莱尔也曾在自己的作品中运用了童话数学的思维，帮助低年级学生能够通过温馨简短的小故事来学习更多的数学知识。圣克莱尔在自己的作品中讲述了莎拉小姐来到霍加叔叔家里做客的故事，霍加叔叔要做一些精致的蛋糕来招待莎拉小姐，100只可爱的小猫前来帮忙，在这一个简单的故事中作者融入了曲线图、条形图等多种数学概念和知识，让霍加叔叔面临的难题顺利解决了。

在当前世界范围内开展童话教学最普遍的国家是韩国，以朴晓莹为代表的童话作家分别出版了针对数学童话教学为基础的文章和书籍，在韩国范围内取得了非常大的反响。

从当前世界教育领域发展的情况来看，无论是童话故事还是民间传说，将其与数学教学进行融合，都在一定程度上激发了小学阶段学生的学习兴趣和热情，然而这种教学方式也存在一定的局限，即大部分的童话教学仍旧以教师的意识为主体，学生的参与度不高。

## （二）国内研究现状

### 1. 童话故事的研究

童话故事最早起源于民间的神话传说，通过一代又一代人的口口相传才逐渐演化成具有一定规模的童话故事，甚至可以说童话就是民间口头文学逐渐发展演变出的衍生结果，是全人类共有的宝贵文化产物。在理论上来看，人类诞生的那一刻起就存在童话，但在实际的发展历程中，童话的正式诞生要比人类出现的时间晚得多。从我国五千年的历史长河中来看，最早由汉字记载的童话出现在清末民初时期，是从日本引进衍生出来的，可以考证的具体资料就是1909年商务印书馆的孙毓先生修订出版的《童话》系列丛书。从理论上来看，童话可以大致分为四种类型，分别是拟人童话（例如经典的《木偶奇遇记》）、超人体童话（《巨人的花园》）、常人体童话（《皇帝的新装》）及知识体童话。自此以后，对于童话故事的研究在我国层出不穷。

周作人作为中国儿童文学理论研究的先驱，在我国当时还没有形成完整的童话体系的时期就已经意识到了"儿童"及"儿童文学"的重要作用，并正式提出了"儿童本位"的教育理念和思想，创建出了一整套适用于中国社会发展和中国本土儿童的文学体系。周作人先生在其经典作品《论儿童文学》中针对童话教育对儿童发展的重要性提出了这样的观点："盖凡欲以童话为教育者，当勿忘童话为物，亦艺术之一，其作用之范围，当比论他艺术而断之，其与教本，区以别矣。故童话者，其能在表见，所希在享受，抨击心灵，令起追求以上遂也。"

1986年，我国著名的儿童文学研究者洪训涛先生在《童话学讲稿》中针对童话故事的概念提出了这样的理解：童话故事是一种呈现出幻想世界、夸张且拟人化的一种儿童文学形式。创造童话是指作家创造出的童话，它是作者以现实为基础，运用形象思维手段，进行选材、立意，塑造童话形象，编制童话情节，运用文学语言，以及反映社会生活为主的童话或以反映自然科学、社会科学知识为内容的童话。洪训涛先生的论述为我国童话学的研究奠定了基础。

2. 童话故事教学的研究

童话故事中大都存在大量的幻想和夸张元素，其内容非常丰富，故事情节具有很强的趣味性，能够在吸引儿童阅读兴趣的同时帮助他们掌握更多的常识知识，培养儿童的阅读兴趣，逐渐养成良好的阅读习惯，在阅读中提升自我。随着童话故事在我国文学体系中的不断完善升级，以童话故事为基础的数学教学模式也受到了越来越多的关注。

首先，童话教学教育价值的研究。

经典流传的童话故事中往往蕴涵着很多理论教学难以实现的知识表达，能够帮助儿童在轻松有趣的阅读氛围中掌握更多的科学文化知识，在童话的幻想世界中，孩子们能够充分认识到外界事物的各种特征和属性，获取丰富的自然经验和知识。与此同时，在有趣的故事情节中，儿童能够通过人物关系和人际交往的过程自主理解现实社会中的生活准则和道德品质。总的来说，优秀的童话故事在儿童发展成长的过程中不仅仅是一种娱乐方式，更重要的是童话故事对儿童的影响是非常巨大而深远的。

山东威海市文登区教育教学研究培训中心崔秀花在《童话教学要有"童话味"》中提出了这样的观点：教师在开展童话教学的过程中，首先要明确自己的教学理念，以童话故事为基础，引导学生主动体会童话故事中蕴含的事物特点和道德观念，进一步提升他们的阅读能力，养成良好的阅读习惯，同时促进学生思维能力的拓展提高。

在《例谈小学低年级数学童话故事教学法》一文中，吴娟指出，将数学知识和童话故事融入一体，能够激发数学课堂的无限可能，激发学生学习知识的乐趣，学生通过童话故事的创编，训练学生的想象能力，在童话故事的讲述过程中也能培养学生的口头表达能力，使学生潜能得到充分的发掘，实现学生的全面发展。

田晓婷在她的硕士论文《中美小学童话教学比较研究》中指出，童话故事对于小学阶段的学生来说，在母语阅读教学中占据着非常重要的地位，发挥的重要作用是其他任何形式文学体裁所不能够超越的，对儿童情感和思维的发展都有着潜移默化的影响。

华东师范大学陈红梅在她的学术论文《小学语文童话教学研究》中明确表示，童话故事在儿童成长发展过程中起到的重要作用是不可忽视的，童话故事不仅仅作用于儿童的心理成长，更作用在儿童文学意识和审美能力的觉醒上，优秀的童话故事能够从多个角度和层面提高儿童的综合能力和文化素养。陈红梅老师进一步针对小学阶段语文教学中的童话故事进行了详细的探究和分析，她认为在当前的教育环境中，语文学科教师应当从学生的心理特征方面进行分析，探究童话教学的规律和方法，充分发挥出童话教学的作用，促进语文教学效率和质量的提高。

每一个人对于童话教育所产生的价值和作用的看法都有一定的差异，但绝大部分教育工作者对于童话教育有着统一的共识，那就是要积极发展小学教育领域中的童话教育。

其次，童话教学策略的实践研究。

夏春兰在《童话教学谈》中指出童话可以给学生带来美的享受，教师在开展童话教学的过程中要注重与时代和教育观念的发展相契合，引导学生提高童话阅读的效率和质量，在阅读的过程中提高学生的综合语言能力。与此同时，夏春兰老师还针对小学阶段的语文学科教学展开了详细的探讨，帮助小学语文教师在施行童话教学的过程中将幻想与现实相结合，进一步引导学生展开充分的想象，通过朗读训练来提高学生的综合学科素养。

在探讨教学策略这一问题上，江苏李君在《童话类文本：教学价值的审视与教学策略的优化》中指出，童话作为一种经典的文学形式，教师在开展针对性的教学过程中，应当遵循童话中蕴含的基础文学属性，突出童话的文学艺术性，在实际的教学中不能采用僵硬死板的教学方式，避免采用教材分析等传统的教学模式，要充分认识到学生在童话教学中占据的主体地位，引导学生学会感知童话故事中的人物情感和主题思想。这种教学方式不仅能够帮助儿童直接体会到童话故事蕴含的思想道理，还能进一步提高他们的文学审美能力。随着课程标准与新课改政策的提出，以学生为主体的开放性、趣味性课堂就逐渐成为当前教育环境中的主流模式，教师在开展童话教学的过程中也要按照文章内容的特点来设计最科学的教学流程。

扬州大学严悦教授在《小学语文童话教学研究》中指出，为了进一步弥补小学阶段语文学科教材中对童话教学内容的缺失，首先就要进行教学材料的更新修订以及相关资料的配合升级。与此同时，小学阶段的语文教师更应该升级自身的教学观念，了解童话故事的特点并将其融入到日常教学过程中，采用学生能够理解的童话语言进行教学表达，拉近与学生之间的距离。

云南师范大学何咏霓在《以学生为本位的小学童话课教学研究》一文中指出，以童话故事为基础的教学过程中，教师应当为学生提供充分的想象空间，引导他们不断拓展思维，培养学生的想象力和艺术审美能力，在实际教学中避免冗余的文字理论教学，融入趣味性的情景教学。

程静芬在《走进童话教学》一文中指出，教师在采用童话教学这一教学方式之前，首先要根据童话中的具体情境来设计教学流程，保证课堂教学的趣味性，通过有趣、神秘的童话世界来引导学生充分感受语文学科的魅力和艺术性，激发学生对语文学科的兴趣及对名著书籍的阅读能力。

最后，小学童话数学教学的实践研究。

在当前的众多文献中，对小学童话数学教学的实践研究数量较少，在实际教学中应用到童话理念的数学教学更是不多，数学特有的抽象性和概念性让很多教师和学生无法将其与趣味童话联系在一起。然而越来越多的实践证明，在教学中引用童话故事并与数学问题结合起来，所产生的教学效果非常显著，学生对数学的学习兴趣明显提高。就目前来说，小学数学教学领域把童话形式引入课堂并进行研究的有江苏的单广红老师、江苏的陈东栋老师、浙江的裘陆勤、吉林的苏晓晶老师、江苏的崔庆华老师（硕士毕业论文就是以此为课题），还有浙江绍兴的金近小学等。

（1）小学童话数学教育教学价值研究。

小学生的年龄偏小，认知能力发展不完备，而且数学知识相对来说比较的单一枯燥，因此童话教学就具有很高的利用价值。

江苏教师崔永华在她的研究生毕业论文中曾对教师的童话实践研究进行了检索，并对一些数据进行了分析研究，我在本书里的研究有些地方就进行了借鉴，在此深表感谢。

在《当"数学"遇见"童话"——对数学教学中创设"童话情境"的理性思考》一文中，张良朋指出针对童话故事情节来构建的教学情境能够在潜移默化中提高数学学习的效率和质量。针对小学阶段的数学课堂中存在的不活跃、缺少互动的现象，引入童话教学就能够很好地解决这一问题，充分调动了师生之间的积极性；另外，以童话故事为基础的数学课堂能够在一定程度上拓宽学生的思维空间，培养学生自主学习的意识和能力。通过将童话故事与数学知识相结合的方式，为学生构建一个充满童真童趣的学习氛围，能够从根本上激发学生对数学知识的好奇心和探索欲，这也是后续学习效率和质量提高的基础。童话故事中的每一个主人公虽然都是作者在虚拟世界中幻想出来的，但每一个人物遇到的问题、困难，每一个人物的性格品质都是真实存在的，通过虚拟的童话故事还能够让学生更好地找到情感共鸣。

（2）小学童话数学教学策略研究。

童话故事如何有效地沉浸到数学教学中去，这是每一个教师应该关注的问题，关于这个问题的答案可谓是百家争鸣，百花齐放。

江苏老师臧成绩在其《低龄童数学童话故事教学策略及误区》一文中指出，站在学生的角度上来看，童话故事相对于繁冗的名著典故更容易阅读，童话故事的文字也更有利于他们的理解，童话故事中蕴含的数学问题相对来说更能激发他们的思考和探究；其次，站在教师课堂活动的角度来看，当前教育环境下的数学课堂有效性需要进一步的提高，而引入童话故事的数学教学更能够促进教学效率的提高，每节课的教学目标也就更容易达成；最后，以童话故事为基础的教学模式更容易取得阶段性的显著成效，帮助学生构建数学知识体系，不断巩固和完善自身的知识体系，促进学习效率的提高。

糜晓蓓在《用童话故事来演绎小学数学课堂教学》一文中，认为教师采用趣味性的引言、神秘性的导语在一定程度上能够帮助学生更快速地进入到教学情境中，引言和导语的设计也是教师进行教学规划过程中至关重要的一个环节。随着教育部门提出的新课改政策在我国教育领域的不断落实和推广，教师针对学生的学习特点和行为习惯，创设充满趣味性的导语环节已经逐渐成为教学实践案例中的重要内容，高效的教学导语能够让学生从课外氛围中快速抽离出来，投入到学习情境中，引导学生跟随童话故事中的情节起伏和任务的情感变化而产生自主思考和分析，充分提高学生的课堂专注度和学习积极性。

江苏教师季昌梅、潘胜认为用童话装点的数学课堂更能吸引学生的注意力，童话中的问题解决更能激发学生探究的积极性，可以以复述、改编或创编作为不同时期引导学生练习的标准，从而使数学学习呈螺旋上升的趋势。他们在《让数学学习有意义又有意思——童话数学的实践探索》一文中明确提出了一种针对学生心理特点和发展水平的三级范式童话数学教学：首先是针对低年级学生的童话导入——引导分析——巩固学习教学模式，低年级学生由于心理和认知发展受到年龄的限制，习惯于采用具象直观的方式思考问题，教师可以采用引导他们复述故事情节的方式提高他们对数学问题的理解程度；其次是针对中年级学生的童话导入——合作分析——改编实践教学模式，教师通过让学生针对故事情节进行想象和合理改编的方式，促进学生对数学问题的理解和应用，并学会举一反三；最后是针对高年级学生的童话导入——演绎分析——创新实践教学模式，教师为学生提供一个故事模板，学生在模板的基础上进行二次创新，运用自身掌握的知识技能解决实际问题，促进数学学科素养的提升。

江苏南京张齐华、贲友林在他们的文章《"情境"之义再辨》一文中，对童话情景的创设策略也给出了新颖的建议：根据长期的经验来看，情境教学的基础在于实际的场景，例如在现实生活中出现的任何一种情境都必须依赖一个场景和实际的生活问题，而以童话为基础的情境教学就需要特定的童话情节作为支撑。然而在实际的教学过程中，仅仅创建一个包含数学理论的生活场景并不能实现教学情境的构建和应用。因此，我们可以得到一个结论，在数学教学过程中，真正能够发挥作用的教学情境应当满足以下条件，即激发学生的学习兴趣，提高学生在教学活动中的参与度，提高学生的探究意识和分析能力等。

在我国教育领域中，将童话故事与数学教学相结合的教学模式代表人物就是首都师范大学数学专业的李毓佩教授。李教授从 1977 年就开始从事数学学科的研究和创作工作，在 20 多年的职业生涯中共创作出版了 60 多部书籍，发表 600 多篇短篇文章，将抽象化的数学知识概念转化成更容易理解的童话故事，收获了非常多的赞扬和肯定。在李教授的职业生涯中，他始终将"让数学知识变成童话故事"作为自己的教学宗旨，让每一个孩子像喜欢童话故事一样喜欢数学是他毕生的追求和目标，在他创作的文学故事中很多都是以数学名词和概念作为故事主人公的，例如经典的《有理数和无理数之战》《爱克斯探长》等。在李教授的数学故事中，他并不是将繁多的数学概念堆积在一起形成一篇晦涩难懂的科学文章，而是在故事中创设真实的生活情境，将数学概念和知识潜移默化地融入情境中，这样既能够提高学生的数学学习能力和兴趣，还能培养学生的探究精神。在中国文学大花园中，这样集文学性、科普性和趣味性于一体的少儿文学作品少之又少。

## （三）研究现状述评

总体来说，对童话的研究有很多，对语文与童话的研究也有很多，但对于小学童话数学教学的实践研究却很少，特别是童话数学课堂的研究，即便这样，其他各类学科中运用童话故事来构建教学模式的方式也为小学阶段数学教师将童话教育融入到日常教学活动中提供了重要的经验和支持。纵观国内外的研究成果，他们的研究重点有很多相似的地方，主要有以下几个方面。

1. 研究主体

首先是对于童话故事、童话故事阅读的研究，研究主体主要是一线教师和部分专家学者，对于一线教师而言，对于童话故事的研究都来源于自己的实际教学活动，是对童话故事教学的可行性等方面进行的论述和分析，从根本上提高了我国教育领域运用童话故事促进教学发展的质量和效率。

但童话数学教学的研究缺乏了对另一主体——学生的研究，童话数学教学的研究仅仅停留在情境片段的研究上，缺乏整体性与系统性。

2. 研究内容

笔者发现在现有的研究童话故事教学中，大部分都是针对小学阶段的语文学科和英语学科进行的教学探究，其中针对语文学科进行童话教学的研究分析占据很大的比例，众多学者针对语文童话教学过程中的内容选择、教学矛盾、绘本内容等方面展开了详细具体的探究。大部分针对数学童话教学的研究还只是停留在策略的研究，而且在为数不多的小学童话数学故事教学研究中，童话教学的研究内容主要是在教学过程的某一环节设计童话故事，例如在正式的教学过程中，将繁冗的概念知识与有趣的童话故事相结合，帮助学生巩固知识体系；在总结的过程中借助童话故事，加深学生对知识点的印象等，至于整个课堂实施还没有形成一个看得见、摸得着的"操作图纸"。

3. 研究对象

在童话数学教学的具体研究对象上，大多数研究的对象是课堂，针对一节数学课，分析在数学课堂中可以在哪些环节加入童话故事、使用童话故事教学方法之后会有怎么样的效果、加入童话故事的课堂对学生来说又是一种什么样的体验等。他们所基于的仍然是传统的数学教材，童话故事只是数学教学的一项辅助手段。通过童话故事在数学课堂的应用，唤起或保持学生学习的兴趣，进而实现良好的教学效果。

由此可见，我国教学领域中针对小学数学学科的童话教学研究还需要进一步深入。在传统观念中，数学就是和数字联系在一起，但在实际的教学实践尤其是当前强调学科融合的基础下，数学也应当与童话故事相结合，利用充满趣味性的童话情节来提高学生对数学学习的兴趣和积极性。

在以上的分析和探究中，我逐渐认识到了我国教育领域中在有关小学阶段以童话故事为基础的数学教学方面存在的不足和缺失，这也成为我想要不断研究学习数学童话教学的原因。此后，我将根据前人关于童话教学的研究，不断探究数学童话教学的正确发展模式，以期对小学数学教学有所启示。

（四）研究基础

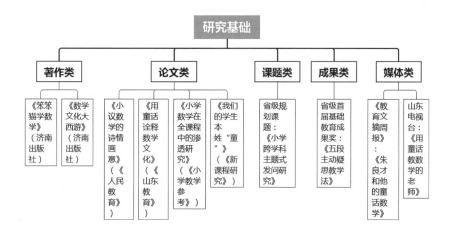

### （五）本研究相对已有的独到学术价值和应用价值

1. 学术价值

经过多年的研究，从先前的童谣数学教学到童趣数学教学，再到现在的童话数学教学，逐渐清楚了自己的研究体系——全都是围绕一个"童"字做文章，全都是围绕一个"兴趣"来组织自己的课堂教学，从而形成了自己别具一格的理论体系——我们的学生本姓"童"。

在这一理论中重点阐述了我们的课堂教学要始终以学生的天性为轴心，这种天性就是好玩、好动、好奇，并始终站在学生的兴趣这一点上进行研究，为今后更多的研究者研究儿童教学方法提供了有力的理论基础。

2. 应用价值

童话数学课堂教学的研究是经过 20 多年的实践探索得出的研究成果，并收集整理了将近 400 个童话数学课堂教学案例，为今后研究儿童教学方法提供了有力的案例保障。

具体做法如下：

（1）童话数学课件制作的实践研究。

在课件的制作方面，以往数学教学课件的呈现方式是以数学知识的呈现为主要形式，而童话数学课堂教学的课件全部是以童话故事的方式呈现。

这样做的目的有两个，一是有利于学生进行数学阅读，二是学生在课件呈现的故事中寻找数学知识，以期达到培养学生发现问题、提出问题、分析问题、解决问题的意识。

（2）备课的书写模式的实践研究。

创新备课模式，即用自己独特的模式进行备课，那就是童话故事线、教材线、课堂教学线的三线式备课模式。童话故事有故事的开端、故事的经过、故事的高潮、故事的结尾，这些对应课堂教学的导课、复习、新授、练习、总结，这些环节都对应教材的知识体系，这三条线相互照应，齐头并进向前发展。

（3）知识点在童话故事中的呈现形式的实践研究。

重点研究数学知识点在童话故事中是融入式呈现还是嵌入式呈现。

在童话数学领域确实也有很多值得学习的案例，但他们大多采用嵌入式的格式，即故事中既有数学知识，又有解决数学知识的办法（这样的形式更适合于数学阅读的需要）。

但"小学童话数学教学"却是一种不一样的模式——融入式（或沉浸式）。

（4）童话教学与数学核心素养如何结合的研究。

数学核心素养包括数学抽象、逻辑推理、数学建模、数学运算、直观想象、数据分析6个部分，为了使学生在童话教学中相应培养数学核心素养，童话数学教学在实践探索中也很注重这方面的实践探索，甚至每一个童话故事的呈现都会相应培养学生不同的核心素养，比如数学抽象的渗透、模型思想的渗透、数学运算的渗透、逻辑推理的渗透、数学阅读的渗透等。

"核心素养"是在国家教育目标和教育理念指导下建立起来的学生必须达到的能力素养，核心素养的提出引发了一系列教学创新实践，并带动了相应的学习评价工具的开发和评价项目的实施。但是这场面向核心素养的教育改革也遇到许多新问题，尤其在学校层面如何落实核心素养的目标，以及如何处理跨学科的共同素养和学科专门知能之间关系方面，正面临着诸多挑战。本研究旨在探寻核心素养与学科教学的关联关系，为核心素养的最终实施与落地寻找有效途径。

3. 学习（或阅读）价值

我国中小学以往的阅读教学研究往往基于学科的知识体系与逻

辑，跨学科的有效整合虽有尝试但依然不十分完善与成熟。本研究致力于基于"核心素养"培养的新的阅读教学体系研究，有助于推动中小学阅读教学的深化、变革与创新。

童话数学课堂教学不但整理出大量的教学案例，并出版了童话数学长篇小说《笨笨猫学数学》以满足学生阅读的需要，甚至拍成了童话数学连续剧《七彩巨人》，更生动形象地展示数学学科知识，所有这些都为孩子们的数学学习提供了大量的学习素材；更重要的是学生在学习的过程中更能够进行大胆的创作，出色地编写出一个个童话数学故事。

4. 育人价值

研究最终指向教师与学生的提升与成长，通过对阅读课程体系的探索与创新，使得新的阅读教学更有助于学生阅读兴趣的培养及阅读能力的提升，从而推进学生核心素养的培养；通过不断的研究实践与反思总结，增进教师的专业成长。

童话数学课堂教学不但在知识的传授方面具有独特的模式，而且在育人方面也具有特殊的效果。学生们通过知识的学习、故事的熏陶，从而学会团结合作，学会分享，学会独立自主，学习的同时潜移默化地进行了核心素养的培养，以及对学生进行富强、民主、文明、和谐；自由、平等、公正、法治；爱国、敬业、诚信、友善的社会主义核心价值观的教育。

## 二 研究内容

### （一）研究对象

实验比照对象：小学学段的学生。

实验知识领域：义务教育阶段小学数学知识点。

## （二）研究重难点

1. 数学阅读的研究

数学阅读普遍都很薄弱，有些阅读读本也仅仅是碎片化的数学阅读读本，有些阅读仅仅局限于数学文化的阅读，以及现成的小学数学绘本和一些作家编写的数学故事的阅读，但是这些数学阅读读物与现行小学教材不同步，仅仅是某些知识点的呈现，或者多个知识点在一个故事里呈现，没有系统性，不适合孩子们在学习当天知识的同时阅读相关数学故事。

"小学童话数学教学的实践研究"系统地把小学数学知识网变成了一个完整的童话小说，让学生在学习数学知识的同时提高阅读能力。

在这里所指的数学阅读分为课内与课外两部分，课外阅读有与教材配套的读本——小学童话数学小说《笨笨猫学数学》（六本）。

课内阅读是指教师在教学过程中随着播放的课件，随机让孩子们阅读课件上的故事内容，并通过阅读故事思考故事中渗透的数学问题（一二年级的课件为了方便阅读，都加注了拼音）。

2. 童话故事与数学知识的渗透研究

数学课上，如果对小学数学教学目的认识不清，对小学生的心理了解不够，在教学中不能有效激发学生的兴趣，就会使数学教学陷入困境。对孩子来说，童话永远是充满魔力的，在小学数学课堂中，如何借助童话的魔力来呈现精彩的数学学习情境，将童话中的人物、情节和背景适当与教学内容相结合，让枯燥的学习内容和生动的童话故事融为一个整体，将是本课题研究的重点。

如何在每一节数学课上，都能以一个完整的童话故事贯穿始终，并配以相应的课件甚至动漫，将是本课题研究的难点。

（三）研究的主要目标

①通过实践研究，结合学生基本核心素养和学科核心素养的养成路径进行探索，建构与课程标准、学科教材相适应的各学科阅读教学课型体系，建构具有学科特点并适应学生学习特点和兴趣的教法体系；结合学生基本核心素养和学科核心素养培养所需载体进行研究，建立完善与国家相关课程相适应的教材体系、教学课件及与互联网的融合等，建构相对完整的核心素养培养载体，形成系列的学科阅读教材体系。

②小学数学童话故事教学研究在当前的研究中较少，通过对童话数学教学研究将传统小学数学教材的比较研究，初步了解童话故事在教学过程中有哪些优势，童话教学能否实现应有的教学目标？在带给学生知识同时还可以为学生带来什么样的能力培养？

③通过对小学童话数学教学的研究，为当前的小学数学的教学工作提供理论支持，促进小学生快乐学习理念的实现。

④当前关于小学童话数学教学的研究是有限的，尤其是数学方向的研究就更少了，通过对小学童话数学教学的文本研究，丰富现有的理论，更好地指导小学数学教学工作。

⑤通过实践研究，初步探索出小学数学教学中童话教学的课堂教学模式，研究小学数学童话教学活动的基本方法、途径、策略等，激发学生学习数学、使用数学的兴趣，为日后的数学学习打好基础。同时以童话教学活动研究为契机，探索小学生学习数学的规律和特点，全面提高小学数学教学质量。

### 三 思路方法

#### （一）程序思路

该研究通过数学阅读、备课、教学等方面的研究，运用理论与实践相结合的方法，达到提高数学兴趣、提升数学素养的目标。

其中研究内容如下：

研究思路（框架图）如下：

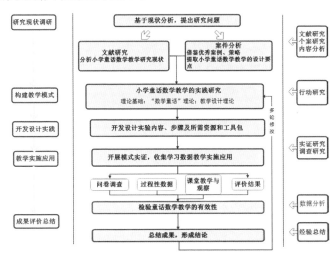

本研究首先交代研究的背景、研究的目的和意义，然后会对所涉及的诸如"小学童话数学教学"等重要概念做一个清晰的界定。紧接着我会对小学童话数学教学进行国内外的文献梳理，了解一下国内外的研究现状，只有站在巨人的肩膀上，我们才能看得更远。在了解国内外现状的基础上，对文献进行系统的梳理，找到研究的薄弱点，为自己的研究找到方向。

## （二）研究方法

①文献研究法：文献法也称历史文献法，就是搜集和分析研究各种现存的有关文献资料，从中选取信息，以达到某种调查研究目的的方法。本课题对"童话教学"的相关研究需参考大量国外研究成果，这部分研究主要通过文献研究法，阅读整理国外相关研究资料，提取分析相关信息，作为本研究的参考；此外对以往童话教学的相关研究也采取文献研究方法。

②行动研究法：行动研究是指有计划有步骤地对教学实践中产生的问题由教师或研究人员共同合作，边研究边行动以解决实际问题为目的的一种科学研究方法，行动研究是一种适合于广大教育实际工作者的研究方法。本研究由专家、中小学校长、数学骨干教师组成课题组，在共同合作的基础上边研究边行动以解决课题研究遇到的实际问题。

③文本分析法：文本分析法是指针对某一研究课题，对相关的一系列文本进行深入分析，从表层深入到深层，从而发现那些更深层次的意义，进而提出批评性建议的研究方法。本研究主要基于教材知识点与童话融合的一系列文本进行研究，从而发现小学童话数学教学与传统的数学教学之间的差别，从而得出结论，更好地指导小学数学教学工作。

## （三）研究计划

1.第一阶段：准备阶段

前期调研：通过网上问卷及访谈、文献分析等形式，进行本研究的相关调研，了解和分析学校童话教学的基本情况，总课题组将结合调研结果反映的具体情况，确定总课题组具体指导方向、指导方法、指导内容、指导策略、不同阶段的指导专家等。

核心研究团队分工与合作的确立：根据具体的课题研究方案确定核心团队成员的任务分工，列出每个核心成员的工作计划表与团队工作计划表，做到合理分工，人尽其用。

确定并完善课题管理办法：根据国家规划办课题管理办法的要求，确立完善总课题及子课题管理办法，确保课题实施的规范科学与实效。

确定课题培训方案：根据课题主旨，设计相对科学完善的课题培训方案，根据培训对象，明确培训目标与培训形式、培训内容、培训时间等。

2.第二阶段：启动阶段

课题启动：总课题组开题并进行开题培训。

课题实验教师培训：对参与研究的教师进行首次课题培训。将课题组总的精神、实施方案、管理办法、研究方法等进行总体培训，此后组织每月一次的相关人员参加的专题课题培训，对课题研究实施科学的过程管理。

课题管理：课题组每月上报研究进度资料，统一整理，并给与反馈指导。

3.第三阶段：实施阶段

持续进行课题培训，规范课题研究与指导。

基于第二阶段工作，进行课题研究实施，认真落实课题方案。

每年召开课题年会，对课题实施情况进行阶段性验收和总结。

对课题研究成果进行分类整理，发现和筛选具有代表性、有推广价值的研究成果进行重点研究。

4. 第四阶段：总结阶段

整理课题研究相关材料，进行研究成果的系统梳理、总结。

以论文及专著形式展示研究成果，选取重点研究成果，帮助成果拥有者进行梳理总结，形成论文或者专著，公开发表。

推广宣传研究成果，通过专题会议、研讨以及培训等多种形式，对课题研究成果进行宣传与应用传播。

结题汇报。

## （四）创新之处

本课题的研究包括故事的设计、教案的设计、课件的制作都将呈现它的独到之处。其中故事的设计采用整个故事贯穿整节课的形式，故事的开始、进展、高潮、结局对应课堂的导课、新授、巩固、总结，一气呵成，紧密衔接；教案的设计采用三线式教案，即童话故事线、知识线、课堂教学线，三线以知识线为纲齐头并进；课件的设计最终是以动漫的形式呈现的。

（1）教学思想的创新：

大胆提出自己的教学思想——我们的学生本姓"童"！

（2）授课方法的创新：本成果的研究是把整个小学阶段的所有的数学知识体系以童话故事为载体，把整个小学阶段的数学知识点以一个完整故事串联起来，授课模式中的课件全部是故事形式，师生从故事中抽取数学知识，学生在教师的启发下以讨论、探究的解决数学问题，建立数学模型，形成数学思想，从而培养学生的数学核心素养。

（3）阅读模式的创新：大多的数学阅读是让学生自学课本，通过教材直接读数学知识点，而"小学童话数学教学的实践探索"是在读童话故事的过程中思考数学问题。

（4）备课模式的创新：教学设计采用三线式教案的备课模式，即童话故事线、教材线、课堂教学线。

| 童话故事线 | 教材线 | 课堂教学线 |
|---|---|---|
| 在课堂中贯穿 40 分钟的童话故事 | 教材中知识点的呈现 | 随故事的发展与教材知识的呈现而设计相应的教学环节 |

以上创新点将在下一节进行详细介绍。

## 五 调查研究

为了使童话数学的阅读与教学更能有说服意义，我们在研究之前首先进行了调查问卷与调查问卷分析。

（一）类型

调查问卷分为教师问卷、家长问卷、学生问卷三类。

1. 教师调查问卷

"童话数学"课程内容调查问卷（教师）

尊敬的老师

您好：

本问卷主要是调查童话在小学数学的应用情况及相关的问题。并且通过调查结果来分析数据，得出改进小学数学教育的有效方法。

①您认为在小学数学中应不应该开展童话教学？

○ 应该

○ 不应该

②您认为当前小学数学知识的传授怎么样？

○ 很好，无必要改进

○ 还可以，但是还要改进

○ 不容乐观，非常应该改进

○ 不关心

③您认为童话在小学数学的应用方式有哪些？［多选题］

☐ 童话剧

☐ 影视，多媒体，动画片等方式

☐ 故事扮演的方式

☐ 直接由老师来讲故事

☐ 其他

④您认为当前电视中的数学童话剧存在什么主要的不足？［多选题］

☐ 容易导致儿童认知观念产生偏颇

☐ 过分注重情感体现，不重视技能培养

☐ 教化现象严重，忽视童话的审美情趣

☐ 教材选择局限，课程所占有的比例太小

☐ 其他方面的不足

⑤您认为数学童话在小学开展教育对于孩子年龄段适合吗？

○ 适合，因为为孩子的审美情趣打下基础

○ 不适合，因为太早教育孩子会造成负担

⑥您认为童话数学在小学进行应该用怎样的教育策略？［多选题］

☐ 突出童话的人物性格，发现故事的真善美

☐ 重视童话的多重教育功能，不能片面

☐ 适当扩充题材，丰富孩子的想象

☐ 教师提高自己的文学修养从而培养孩子的兴趣

⑦您认为童话数学对于小学生的教育价值有哪些方面？[多选题]

☐ 培养小学生良好的个性

☐ 促进小学生语言表达，艺术表现等能力的发展

☐ 陶冶小学生对于文学作品的兴趣与好奇心

☐ 教育小学生数学知识文化

☐ 无任何实质的作用

☐ 阅读能力的培养

⑧您认为当前童话数学在小学的应用需要研究什么？[多选题]

☐ 所涉及的教学领域和这一领域的作用

☐ 童话数学在课堂上的应用比重有多大

☐ 童话数学在小学的应用方式有哪些

☐ 童话数学在小学的教育价值

☐ 针对当前的童话教育问题进行改进

⑨您有什么宝贵建议？

2. 家长调查问卷

"童话数学"课程内容调查问卷（家长）

尊敬的家长您好：

本问卷主要是调查童话在小学数学的应用情况及相关的问题。并且通过调查结果来分析数据，得出改进小学数学教育的有效方法。

①您认为在小学数学中应不应该开展童话教学？

○ 应该

○ 不应该

②您给孩子讲过数学童话吗？

○ 偶尔

○ 从没有

③孩子在家中接触的童话方式有哪些？【多选题】

☐ 童话剧

☐ 影视，多媒体，动画片等方式

☐ 故事

☐ 直接由家长来讲故事

☐ 其他

④您观察当给孩子讲起数学童话和单纯讲解数学知识哪个学生更喜欢？

☐ 前者

☐ 后者

⑤您认为数学童话在小学开展教育对于孩子年龄段适合吗？

○ 适合，因为为孩子的审美情趣打下基础

○ 不适合，因为太早教育孩子会造成负担

⑥您认为童话数学在小学进行应该用怎样的教育策略？[多选题]

☐ 突出童话的人物性格，发现故事的真善美

☐ 重视童话的多重教育功能，不能片面

☐ 适当扩充题材，丰富孩子的想象

☐ 教师提高自己的文学修养从而培养孩子的兴趣

⑦您认为童话数学对于小学生的教育价值有哪些方面？[多选题]

☐ 培养小学生良好的个性

☐ 促进小学生语言表达，艺术表现等能力的发展

☐ 陶冶小学生对于文学作品的兴趣与好奇心

☐ 教育小学生数学知识文化

☐ 无任何实质的作用

⑧您有什么宝贵建议？

3.学生调查问卷

"童话数学"课程内容调查问卷（学生）

（年级：_____）

亲爱的同学们：

你们好！

这是一张关于童话数学课程的调查问卷，目的是为了了解同学们对童话数学的认识，以便于老师进一步有针对性地教学，培养同学们对数学的兴趣。本问卷采用匿名答题，对同学们不会有任何影响，请同学们如实答题。谢谢合作！

①你喜欢读哪一类的故事？（　　）

A、童话故事　　　　B、寓言故事　　C、神话故事　　D、其他

②你自己会主动购买或阅读数学童话故事书吗？（　　）

A、经常会　　　　　B、偶尔会　　　C、不会

③你希望把我们的教室变成童话世界吗？（　　）

A、希望　　　　　　B、不希望　　　C、无所谓

④你的数学老师经常给你讲童话故事吗？（　　）

A、经常　　　　　　B、有时　　　　C、从来不

⑤你希望听老师、家长或其他人给你讲数学童话故事吗？（　　）

A、喜欢　　　　　　B、不喜欢　　　C、无所谓

⑥你认为自己能编出精彩的童话故事吗？（　　）

A、一定能　　　　　B、可能会　　　C、一定不能

⑦当你遇到你喜欢的数学童话故事时，你希望（　　）[可多选]

A、把这个故事绘声绘色地讲出来

B、把这个故事用画笔画出来

C、把这个故事表演出来

D、把这个故事改编一下

E、其他：_____

⑧你喜欢用什么方面的材料编写的数学童话故事？（　　）[ 可多选 ]。

A、图画　　　B、词语　　　C、故事片段

D、音乐　　　E、实物　　　F、_____

## （二）可行性分析

在研究过程中，曾发放《童话数学课堂教学兴趣调查问卷》( 教师卷、家长卷、学生卷 ) 各 1000 份，收回 960 份，反馈情况如下：

| | 童话数学班 | 普通数学班 |
|---|---|---|
| 数学阅读兴趣 | 98.26% | 51.37% |
| 数学学习兴趣 | 95.67% | 88.69% |
| 数学问题兴趣 | 96.21% | 90.34% |
| 数学探究兴趣 | 92.37% | 91.55% |

在实践中，还对同一班级进行了跟踪调查，情况如下：

| 实验学校 | 实验人 | 数学阅读能力（数学阅读测试） | | 数学创作能力（数学创作测试） | | 数学兴趣（调查问卷与测试） | |
|---|---|---|---|---|---|---|---|
| | | 实验前 | 实验后 | 实验前 | 实验后 | 实验前 | 实验后 |
| 大义小学 | 徐秀芳 | 75% | 95% | 54% | 86% | 50% | 98% |
| 南关小学 | 祝淑静 | 73% | 93% | 49% | 88% | 56% | 96% |
| 南关小学 | 张娇 | 69% | 90% | 42% | 89% | 42% | 95% |

从以上数据显而易见得出，在数学课堂教学中应用童话教学的方式是可行的，学生对童话数学的教学有着很浓厚的兴趣，他们能够在教师的故事情节中进行阅读，并从中发现数学问题，进而解决问题，整堂课的气氛都是在快乐、有趣中进行的。

为了使学生在童话教学中相应培养数学核心素养，童话数学教学

在实践探索中也很注重这方面的尝试，甚至每一个童话故事的呈现都会相应培养学生不同的核心素养。

| 年级 | 童话数学之数学素养 | | | | | |
|---|---|---|---|---|---|---|
| | 数学抽象 | 逻辑推理 | 数学建模 | 数学运算 | 直观想象 | 数据分析 |
| 一 | √ | √ | √ | √ | √ | √ |
| 二 | √ | √ | √ | √ | √ | √ |
| 三 | √ | √ | √ | √ | √ | √ |
| 四 | √ | √ | √ | √ | √ | √ |
| 五 | √ | √ | √ | √ | √ | √ |
| 六 | √ | √ | √ | √ | √ | √ |

学生的学习兴趣无疑是最重要的，因此在这种童话中快乐地学习数学知识也收到了良好的效果，学生无论在数学阅读能力方面，还是在数学创作能力方面，以及在数学质量检测方面都取得了可喜的成绩。

| 实验学校 | 实验人 | 数学阅读能力（数学阅读测试） | | | | 数学创作能力（数学创作测试） | | | | 数学学业质量检测（数学知识测试） | | | |
|---|---|---|---|---|---|---|---|---|---|---|---|---|---|
| | | 实验前 | | 实验后 | | 实验前 | | 实验后 | | 实验前 | | 实验后 | |
| | | 及格率 | 优秀率 | 及格率 | 优秀率 | 及格率 | 优秀率 | 及格率 | 优秀率 | 及格率 | 优秀率 | 及格率 | 优秀率 |
| 大义小学 | 徐秀芳 | 75% | 50% | 95% | 98% | 54% | 23% | 86% | 85% | 50% | 20% | 98% | 40% |
| 南关小学 | 祝淑静 | 73% | 56% | 93% | 99% | 49% | 31% | 88% | 88% | 56% | 18% | 96% | 35% |
| 南关小学 | 张娇 | 69% | 49% | 90% | 97% | 42% | 21% | 89% | 87% | 42% | 16% | 95% | 37% |

可见，童话数学教学不但在提高学生兴趣方面有所创新，而且在学生的数学知识的掌握上也取得了可喜成就。

## （六）素养渗透

数学核心素养包括数学抽象、逻辑推理、数学建模、数学运算、直观想象、数据分析 6 个部分，为了使学生在童话教学中相应培养数学核心素养，童话数学教学在实践探索中也很注重这方面的实践探索，甚至每一个童话故事的呈现都会相应培养学生不同的核心素养。

### （一）数学抽象的渗透

童话数学故事是直观的形象故事描述，但可以通过故事的叙述、师生的探究培养学生数学抽象的核心素养。

比如《鸡兔同笼》这一知识的探究就通过童话故事与教学方式展示形象感悟与数学抽象关系的探索：

突然，一只老鹰飞过来。小兔兔们都吓得一下子站了起来。但是，凶恶的老鹰还是挥舞大刀，把小鸡、小兔站在地上的脚都砍掉了。

看到这种情况，小猪与小羊赶紧拿起武器抗击老鹰。老鹰看情况不妙，赶紧逃走了。

以上是形象描述，在这个环节中有了形象描述，如何做到形象感悟呢？又如何做到数学抽象思维呢？

作为老师在这一环节可以这样进行启发教学：

"小兔子站起来有几只脚站在地上？老鹰砍了站在地上的脚，那么砍了多少只？还剩多少只？剩下的脚是哪个小动物的脚？"

通过这样的提问，学生就会有了一个个思考的画面，从而培养了学生的数学抽象思维。这也正是本成果中形象感悟与数学抽象关系的探索经历。

## （二）模型思想的渗透

孩子们学习童话数学的同时就是在建立数学模型，就要随时渗透数学模型思想。

还是上面的《鸡兔同笼》的课例，当进行完刚才老鹰杀过来这一环节后，作为教师又话锋一转说："同学们，没有哪个人会把鸡与兔放在同一个笼子里，这个故事仅仅是一个古代的数学问题——鸡兔同笼（板书课题），在这个数学问题中大家思考一下，要先考虑什么？（假设）……"

接着老师话锋一转："其实在我们生活中有许多类似于像这样的鸡兔同笼问题，比如租船问题、药片问题、打乒乓球问题等，都可以用鸡兔同笼的思考方法来解决。"

在这里开始让学生建立鸡兔同笼的数学模型，这样就把童话数学与数学建模有机结合起来，从而渗透数学模型思想。

## （三）数学运算的渗透

如前面展示的案例《懒惰的杜鹃》——"9 加几"其中的一个童话故事情节是：

> 有一天，懒杜鹃看到一个鸟巢里有 9 个蛋，她看看四周没人注意她，就赶紧生下 4 个蛋。

就是仅仅这样一句简短的情景，就牵涉到数学运算思想的建

立——从算理到算法的学习:

师:我们先来看,这些蛋是什么情况?(用盒子模拟鸟巢,乒乓球模拟鸟蛋)

生:有9个是鸟巢里的,有4个是杜鹃的。

师:用什么方法可以算出一共有多少个蛋呢?

生:用加法。

师:为什么用加法计算?

生:因为是把鸟巢里的蛋和杜鹃的蛋合并在一起,所以用加法。

(师板书出算式9+4)

师:那么,怎样算出9+4的结果呢?请同学们先自己探索,再和同桌互相说一说自己是怎样想的。(生独立探索并与同桌交流)

师:谁来说一说你是怎样算出得数的?

生:我是数着算的,9,10,11,12,13。

生:我是先拿一个放到盒子里,外面还有3个,就是13。

生:我是先想10加4得14,再减去1就是13。

师:同学们用不同的方法,都算出了9加4得13,真聪明!刚才有同学说,先把盒子里空着的一格放上鸟蛋,再加外面的3个,得13。哪个同学能到前面来演示一下?(师指名一生上台演示,并逐步对应板书)

师:为什么从4里面先拿1个放盒子里?

生:这样就可以放满盒子,一盒10个。

师:先算什么?再算什么?

生:先算9加1得10,再算10加3得13。

师:刚才大家算得很好。像这样的方法这就是"凑十法"。

## （四）逻辑推理的渗透

例如《可能性》案例中的其中一个情节是这样的：

> 由于奇奇对经常侵略骚扰数学村的狐狸王恨之入骨，偷偷地将箱子里的两支签都写成了"死"。
>
> 兜兜不想狐狸王被处死，这样狐狸家族对数学村的仇恨就永远解不开了，他想出了一个对策，偷偷告诉了狐狸王。

这一环节的教学就渗透了逻辑推理的数学素养。

……

当然童话数学不单单训练以上方面，还包括数学素养的直观想象（图形知识系列）与数据分析（统计知识系列）的训练……

在研究的过程中，经过了这20多年的实践，从童谣到童趣，再从童趣到童话，我惊奇地发现，自己的研究脉络竟然都聚焦在一个核心点上，因此也就大胆提出了自己的教学思想——我们的学生本姓"童"。

这也是迄今为止在数学界乃至教育界，第一个发出这样的声音。

总之，我在这20多年的实践探索，无论是童谣教学、童趣教学还是童话教学都打破了以往数学教师板着面孔教知识的氛围，真正让孩子们感受到学习数学的快乐，童话数学的研究已经在全国范围内进行推广实施，如山东济南胜利大街小学、山东潍坊峡山双语学校、山东日照莒县第四小学、青海省西宁实验小学、内蒙古锡林浩特实验小学、新疆喀什英吉沙小学、吉林长春朝阳实验小学，还有江苏、安徽、江西等，这些学校都在尝试利用这样的理念进行教学。

03

第三章——————

# 童话数学模式

童话数学的学习分为三种模式，一是线式阅读模式，二是线式备课模式，三是线式教学模式。

## 一 基于童话的"线"式数学阅读

阅读是日常生活中一项经常的并且又非常重要的活动，它是人类获取外界信息的主要手段之一，也是获取知识的重要途径之一，更是提升学习能力重要方法之一。阅读不仅仅是语文学科的专项内容。随着人类社会文明的发展、人们总体知识水平的提高及科学技术的普遍应用，各种各样新奇的科技产品在我们生活中应运而生，再加上科学技术信息的日益渗透，社会越来越数字化，仅具语文阅读能力的社会人已明显地显露出其能力的不足，同样对数学阅读能力的要求也将会越来越高。因此，数学阅读能力也就成为了促进学生全面、持续、和谐发展的基础能力。

苏联教育家斯托利亚尔言："数学教学也就是数学语言的教学。"而语言的教学是离不开阅读的，有关研究也表明构成一些学生学习数学感到困难的因素之一是他们的阅读能力差，在阅读和理解数学书籍方面特别吃力。从阅读的本质上来看，数学阅读是一个特殊的认识过程，决不是"授""受"之间能交割完的事，而阅读的能力主要取决于学生思维的展开程度和学生自主求知活动的质量，数学知识必须经过学生的认知加工、思维消化，以及自身的再创造活动才能被接受，并纳入其认知结构中。不少学生上课时听得津津有味，课后学习却一塌糊涂，就是少了知识的自身再创造过程，少了自己主动阅读建构知识的环节，从而影响了知识技能的掌握。因此，学会阅读和养成自觉阅读的良好习惯，对于学生学好数学具有重要的意义和作用。

现阶段的数学阅读普遍都很薄弱，特别是小学生的数学阅读更不乐观，很多教师在教学时丢开数学课本进行教学，根本忽略了教材中最基本的文字，这样就造成了学生对教材所要求的自主学习能力的缺失；另外，课外一些数学读本有很多，但真正与教材同步的几乎没有，仅仅是某些知识点的呈现，或者多个知识点在一个故事里呈现，大多是为了迎合故事而安排的一些数学内容，从而造成了数学知识的碎片化，缺乏系统性，不适合孩子们在学习当天知识的同时阅读与此相关的数学故事。

童话数学在阅读方面采用的是"阅读线——分析线——解答线——建模线"四线式阅读形式，阅读手段或为单人阅读，或为集体阅读，或为拼音阅读，或为配音阅读等。其中所要阅读的素材一是展示在课件中，二是展示在现成的童话系列读本中。

### 童话数学阅读卡（小学）

学校：　　　　时间：

| 知识点 | | | 故事名 | |
|---|---|---|---|---|
| 计划阅读时间 | | 实际阅读时间 | | 完成度（%） |
| 故事摘要 | | | | |
| 阅读兴趣 | 感兴趣□　　　　一般□　　　　没兴趣□ | | | |
| | 原因：<br>问题： | | | |
| 探究拓展 | 读了这段文字后你联想到什么？ | | | |
| | 你能否找出文字里的数学信息？ | | | |
| 实践疑问 | | | | |

## （一）阅读线

即通过阅读数学故事寻找故事里渗透的数学信息，阅读的形式分为单人独读、集体群读、拼音阅读、配音阅读四种形式。

### 1. 单人独读模式

单人独读即教师出示一张 ppt 上的故事情节，指定学生大声读故事。在课堂上一般是提倡单人阅读，因为阅读的学生在读的时候能集中精力寻找或思考其中的数学问题，而其他同学也会随着这个同学的阅读进行默读，从而也进行着相应的数学思考。对于课外阅读，也更提倡单人独读。

### 2. 集体群读模式

一般课外不使用集体群读这种阅读的办法，目的是为了避免出现学生阅读时滥竽充数的现象，这种方式仅仅安排在课上结课的时候，即在故事结尾，为了振奋学生的学习精神，一般在快要结课的时候就会组织一次大声的齐读环节。

### 3. 拼音阅读模式

拼音阅读一般是在一二年级实施的，因为低年级识字量的问题，学生们如果在课堂上阅读一段文字必将是不流利的，从而会影响教学进度，为了阅读环节的顺利进行，在做课件的时候我们一般都对童话故事的每个字都标注拼音，这样，阅读就相对顺畅了许多。

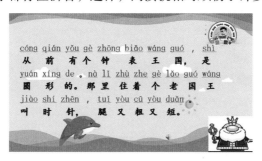

4.配音阅读模式

配音阅读是在拼音阅读的基础上进行的，因为学生的阅读基础参差不齐，在拼音阅读的时候也会发生阅读的"卡壳"现象，从而就影响了教学时间，为了解决这个问题，我们选取一些阅读很好的本年级的学生事先进行本节童话故事的阅读，并进行录音，上课的时候就让学生们看着故事听录音，这样做有两个目的，一个是不至于因为阅读不流畅而影响教学时间，另一个是为阅读障碍的学生展示自己班里的阅读榜样，使他们努力向优秀的阅读者看齐。

（二）分析线

学生在读完每段故事之后就要让他们学会分析故事里渗透的数学信息，实现数学信息与数学知识的转换，也就相当于下文中课堂教学的探疑环节。

1.留白分析模式

为了探究知识的发展过程，熟悉数学知识的前联与后联知识体系，指导学生每天阅读《数学村的七彩巨人》，这套读本中每个故事每页都分为左右两部分，如人教版六年级下册《方正正与正方方（数与形）》页码分为两栏，左边一栏 3/4 部分为童话故事："有一天，方正正走着走着，却被一个平躺着的四个正方形绊了个跟头。方正正仔细一看，是正方方的恶作剧，就摇身一变，变化出 9 个一模一样的自己拼在一起，压在正方方的身上……"右边一栏 1/4 部分为知识点的探究问题："观察这些算式左边的加法算式与右边的平方数有什么关系？"探究分析问题部分适当留白，让学生分别用自己的思维方式进行分析。

## 29. 方正正兄弟

### ——数与形（一）

行走的路上实在无聊，白巨人就用金手指把自己与蓝巨人变成白、蓝两块正方形，兜兜把白色的叫做方正正，蓝色的叫做正方方，方正正与正方方他们或向前翻跟头，或平移，或让兜兜、妞妞坐在上面平移前进，从而增加了不少乐趣。

过了没多久，方正正走着走着，却被一个平躺着的四个正方形绊了个跟头。

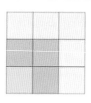

**数学问题思考：**

运用这个规律解决以下问题：

1. $1+3+5+7=($      $)^2$

2. $1+3+5+7+9+11+13=($      $)^2$

3. _____ $=9^2$

4. $1+3+5+7+5+3+1=($      $)$

5. $1+3+5+7+9+11+13+11+9+7+5+3+1=($      $)$

方正正仔细一看，是正方方的恶作剧，就摇身一变，变化出9个一模一样的自己拼在一起，压在正方方的身上。

留白分析的优点就是让数学问题显而易见，即根据阅读素材中的"数学问题思考"来解决数学问题。缺点就是这种思考问题的方式对发现问题、解决问题能力的培养相对欠缺了一点，显得依赖性太强，同时，主动思考问题的能力得不到更好的锻炼。

2. 主动分析模式

所谓主动分析就是数学知识点依旧渗透在故事中，但却不出现数学问题，数学问题由阅读者自己来提出，这样就增加了思维含量，由上一阶段的被动思考变为主动思考，这样学生的发现问题、提出问题的能力会相应提高，也就增强了阅读的有效性与高效性。

如以下关于圆锥体体积的故事片段：

鲲鹏坠落大海后就失去了生命体征，兜兜、妞妞伤心极了，但为了生存，为了今后的大目标，他们只得忍痛生存下去，最后奋力游到了大海中的一个荒岛。他们饥渴难耐，拿起圆柱形水壶晃了晃，一滴水都没有。

这时，他们看到树叶上有许多露珠，聪明的妞妞把叶子变成圆锥型的漏斗，嘴巴对准漏斗口一吸就喝光了叶片上的露水。

"我们必须尽快找到食物。"胖村长说，"不然我们都会死在这荒岛上，我们要坚强活下来，只有这样我们才能去救被捕的巨人。"

可是他们走了很久都没有找到可以充饥的果子。

这时，飞来一只蝴蝶，他们就跟着蝴蝶往前摸索，走着走着竟然看到一座城。这时里面飞来一只大鸟竟然给他们送过来一个圆锥形的容器，容器的高度和底面与兜兜的圆柱形水壶的高度底面相等。

兜兜知道自己的圆柱形杯子的容积是 75 毫升，但却不知道这个等底等高的圆锥体是干什么用的。

为此，兜兜拿着大鸟送给的礼物感到很奇怪。"难道是打开城堡的钥匙？"妞妞猜测说。于是兜兜拿起圆锥形容器插入城堡的大门的孔洞里，没想到大门竟然自动打开了。眼前出现一片花海，花丛中一只鼹鼠正吃着一种高 12cm、底面积 19cm$^2$ 的圆锥形的果子。兜兜、妞妞、胖村长也学着打开另一个圆锥形果子，里面是浓浓的汁液，清甜又充饥。他们吃饱后，又用圆柱形杯子装满这些圆锥的汁液，以备路上充饥。

突然，胖村长、兜兜、妞妞一下子也变成了三只小鼹鼠。"吃了我的东西就得为我服务。"说话的竟然是以前见到的那个影子，兜兜隐约看到那影子挥了一下手，地上就多了一堆高 1.5 米、底面直径 4 米的圆锥形沙堆。"天黑前把沙堆运到院子里的沙坑里。"说完影子就消失了。

刚才的蝴蝶与大鸟给了他一个小推车，车厢是一个高 5cm、底面直径是 4cm 的圆锥，兜兜他们这才明白，他们中了神秘影子的圈套。

夜幕降临时，他们三人运完了沙子。但蝴蝶与大鸟又来告诉他们说："把煤运完你们就自由了，并能恢复到原来的样子。"兜兜他们看到地上有一个高 2m、底面周长 18.84m 的圆锥形煤堆，煤堆旁的标识牌上写着：$1.4t/m^2$。

妞妞累得几乎站都站不起来了，他们感觉这个可怕的影子绝对不会放掉他们，还会变着法子折磨他们，他们准备要逃离这个荒岛。

这时，大鸟又悄悄地飞过来："兜兜，快跟我走。"那大鸟竟然知道兜兜的名字。

"你是谁？"兜兜吃惊地问。

"我是孔雀妈妈，也是误食了这个岛上的果子，变成了这个样子。"大鸟说。

大家一听，喜出望外。

"现在那影子不在，我带你们赶紧逃了吧。"孔雀妈妈小声说。

就这样，他们一起伏在孔雀妈妈的背上，趁着月黑风轻逃离了小岛，但他们心里的疑团至今没有打开——那个影子到底是什么呢？

以上故事情节包括了复习圆柱体的体积公式、圆锥体体积的求法、圆柱体与圆锥体体积的应用等问题，学生在阅读的同时可以要求他们对故事中的数学问题进行解答，这样就会使数学阅读变得更有意义。

## （三）解答线

阅读理解题是现实中教材习题和考试中的热点问题。此类型的题目涉及了很多学生未接触过的知识。有的知识源于生活，有的则是运用一些老教材的思想方法或是模仿例题的创新运用。此类题目往往文字较长，很多学生觉得无从下手，很难看懂。这就要求学生具备良好的阅读能力，学会从文字中捕捉信息并联系已学过的知识来解答问题。

1. 自主解答模式

有了分析的基础，就可以在学生阅读后针对探究性问题进行解答，并在练习本上写出解答过程，下面仍以人教版六年级下册《方正正与正方方（数与形）》为例，学生通过阅读故事素材得出分析结果，即第几个图形就有几个数相加，和就是几的平方，那么就可以根据这个结论来解答题目中的问题及类似的问题（如上图）：

① $1 + 3 + 5 + 7 = ($　　$)^2$

② $1 + 3 + 5 + 7 + 9 + 11 + 13 = ($　　$)^2$

③ _____ $= 9^2$

④ $1 + 3 + 5 + 7+5+3+1=($　　$)$

⑤ $1 + 3 + 5 + 7 + 9 + 11 + 13+11+9+7+5+3+1=($　　$)$

2. 课堂解答模式

这是特指在课堂中运用的一种解答模式，由教师 PPT 出示故事情节，学生读故事之后，根据故事中渗透的数学信息结合教师的启发性提问去了解数学问题并进行解答。

如三年级的《年、月、日》教学，在教师出示的课件中，有这样一个故事片段：

顽皮猴现在好奇怪，他拿出年历仔细研究，发现一月、三月、五月都能轻而易举得到时光果实，他突然恍然大悟："原来秘密在这里！"顽皮猴惊喜地大喊。

教师这里就要进行启发式提问："你知道是什么秘密吗？下面同学们拿出给你准备的年历卡，看一看是否能找到顽皮猴发现的那个规律。"

这样，学生就能在探究年历卡时寻找规律，分辨出大月、小月和特殊二月。

为了利于数学阅读，在课件的制作方面，以往数学教学课件的呈现方式是以数学知识的呈现为主要形式，而童话数学课堂教学的课件全部则是以童话故事的方式出现在整个 PPT 上。

以下是小学数学人教版第一册第九单元"20 以内进位加法"中的第一课时一节课的课件展示：

## 懒惰的杜鹃

杜鹃是动物界最懒惰的，她总是想着把蛋下到别的鸟的巢中，由其他鸟代为抚育。

有时候鸟巢里有10个蛋，她偷偷生下一个就飞跑了；有时候鸟巢里有10个蛋，她生下3个后就飞跑了；还有时候见鸟巢有10个蛋，她还是厚着脸皮生下5个蛋就赶紧飞跑了。

有一天，懒杜鹃看到一个鸟巢里有9个蛋，她看看四周没人注意她，就赶紧生下4个蛋。

就在杜鹃想要离开的时候，就听身后一声大喊："站住。"杜鹃哆哆嗦嗦扭头一看，只见自己的左边有9只老鹰，右边有5只老鹰正愤怒地盯着自己。

杜鹃一看事情不妙，赶紧承诺说："大家不要生气，我今后再也不偷懒了，我现在马上把我在别的鸟巢积存的鸟蛋找回来自己进行孵化。"说完很快就找回了9个，看老鹰还在恨恨地盯着自己，又硬着头皮找回了7个。

老鹰们看杜鹃诚心改过，就说："今后绝不能再这样做自欺欺人的事情了。"说完就飞走了。

但是杜鹃的秉性就是如此，在老鹰离开后的日子里，杜鹃依然是把自己的蛋寄存到别的鸟巢里，只不过是再也不敢那么明目张胆了。

这样做的目的有两个，一是有利于学生进行数学阅读，二是学生在课件呈现的故事中寻找数学知识，以期达到培养学生发现问题、提出问题、分析问题、解决问题的意识。

3. 亲子解答模式

这种阅读模式是在学生放学后，不受困于课堂而能自行在家中进行阅读学习的一种模式，是针对童话故事中的一些问题，特别是一些比较难懂的问题，要由爸爸、妈妈进行启发性提问或者间接性指导，或者共同实践操作才能解决的模式。

如我的专著《数学文化大西游》有这样一个故事片段：

唐僧师徒就要离开钦法国了，国王为了表示谢意，特意安排了一次隆重的送行宴会。

因为大家都知道八戒是净坛使者，因此国王除了给唐僧、悟空、沙僧、小白龙安排斋饭之外，还特意给八戒安排了大坛酒、大盆肉。

在喝酒的时候，国王让侍从搬来大小两个酒坛，八戒站一旁看在眼里，馋在心里，表现在嘴上，只见他口水都要流出来了。

"净坛使者，感谢您与各位圣僧的到来，为表示感谢，请您代替大家品尝这坛送行酒。这个小酒坛能盛酒 4 千克，大酒坛能盛酒 11 千克，不用秤称，应该怎样使用这两个酒坛盛出 5 千克的酒来？"国王这次送行还真是别出心裁。

八戒光顾着看那酒坛，光想着酒的味道了，一听国王这番话，一下子愣住了，他拿过两个酒坛试着倒了几次，都不是国王说的 5 千克。

悟空、小白龙与沙僧也都亲自试了试，都不是 5 千克。

八戒这个急呀，看着扑鼻的酒就在眼前，就是喝不上。

唐僧一看，对八戒说："悟能，你按照师父说的试试。先把小酒坛装满。"

"装满了。然后呢？"

"倒入大酒坛，再把小酒坛装满。"

"装满了。"

"再倒入大酒坛。"

"这样大酒坛有多少千克了？"

"8 千克。"

"对，再把小酒坛装满，倒入大酒坛里。"

"大酒坛满了，小酒坛里还有 1 千克。"

"把大酒坛倒空，再把小酒坛的 1 千克倒入大酒坛。"

"完毕。"

"最后把小酒坛装满倒入有 1 千克酒的大酒坛。看看这样是 5 千克吗？"

八戒按照唐僧的吩咐一步步去完成，最后高兴地说："师父，正好是 5 千克。"

　　"这就对了，那就请净坛使者饮用这坛我国窖藏多年的美酒吧。"国王哈哈大笑着对八戒说。

　　八戒早就馋得打转转了，见国王把酒递过来，立马接住，咕咚咕咚一饮而尽，最后用手抹了一下嘴角说："真是好酒！"

　　"呆子！"悟空看八戒这个样子，感觉好笑，小声提醒他注意形象。

　　就这样，一场盛大的送别仪式很快就结束了，唐僧师徒与国王话别，并收拾行囊继续他们的西行之路。

　　这里应用了转化思想，在阅读的时候就需要家长跟孩子边读边进行提问、操作，这样才能使数学问题的解答思路更清晰。

　　即首先考虑 5=3+2=4+1，想办法利用两个数（11 和 4）以及它们的差凑出各个数；进一步通过操作发现只有 4+4+4-11=1，1+4=5，由此找出问题的答案即可。

　　①将 4 千克的小酒坛装满酒后倒入 11 千克的大酒坛，连续三次后，11 千克瓶装满，4 千克的瓶内剩下 1 千克酒，4+4+4-11=1；

　　②将 11 千克大酒坛内的酒全部倒去，再装入 1 千克酒；

　　③然后将 4 千克小酒坛装满酒倒入 11 千克大酒坛内，这时 11 千克大酒坛内正好有酒 5 千克，1+4=5。

　　因此，解答此的关键是如何充分利用两只空桶，转化为两个数的和与差，进而才能解决问题，得出结论。

　　不过，针对这个凭空想象的过程很多学生是很难在大脑中建立数学模型的，但如果运用这种亲子合作操作实验的方式，就由难变易了。

（四）建模线

在小学数学的知识结构中，每一个知识点都有着不同的数学模型，这样就会出现不同的建模过程，并对应不同的建模思想，因此在针对进行每一个知识点进行阅读的时候，都要让学生亲身经历"建模——成模"的过程，从而为模型思想的建立服务。比如有这样一个童话故事情节：小鹿上前一步，仔细观看石门，指着上面的石珠子对阿壮说："借助 2 号杆把 1 号杆上的珠子移到 3 号杆而不改变珠子的上下顺序。记住每次只能移动一个珠子，大珠子不能放在小珠子上面，否则石门将永远不能被打开。"

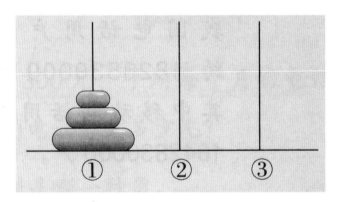

这里展示的是汉诺塔问题，汉诺塔（又称河内塔）问题源于印度一个古老传说中的益智玩具。话说大梵天创造世界的时候做了三根金刚石柱子，在其中一根柱子上从下往上按照大小顺序摆着 64 片黄金圆盘。大梵天命令婆罗门把圆盘从下面开始按大小顺序重新摆放在另一根柱子上。并且规定，在小圆盘上不能放大圆盘，在三根柱子之间一次只能移动一个圆盘。这个数学问题体现的就是递归思想，在学生阅读的同时归纳出数学思想，总结出数学解题方法或生成数学模型。

这里的阅读素材除了我自己的童话专著外，还安排学生每周阅读一些科普作家写的数学童话故事等。

因此，就阅读来说，它能够使人类汲取重要信息并进行加工，从而帮助人们认识世界并改造世界。因此，当学生充分接触了童话数学故事之后，学生们就会在这种童话数学故事的描写中进行思考、探究，甚至再创造。

众所周知，加强数学阅读能力的培养是提高数学教学质量的重要手段，教师要给予足够的重视，积极引导学生进行有效阅读，让学生体验到数学阅读乐趣的同时，感知对自己学习有提升的益处，从而自觉地、主动地进行数学阅读。教师在数学教学中更应重视数学阅读，培养学生的数学阅读能力，使其养成边阅读、边思考的阅读习惯，使他们获得终身学习的本领。只要我们钻研进去，就可以享受数学阅读带给我们的乐趣，也让我们的数学课堂因阅读而变得更加丰富多彩！

## 二　基于童话的"线"式数学备课

童话数学课堂和传统课堂相比，它具有童话优势；而和传统童话数学读物比它又有课堂教学的优势。在这样一个过程和情景中，让冰冷的数学变得温暖，并能够走进每一个孩子的内心，让他们从心底热爱数学，愿意学习数学。

童话数学是以三线式的备课模式进行的，即童话故事线、教材线、课堂教学线的三线式备课模式。其中童话故事线是备课时准备的故事素材，知识线是教材中的知识点，课堂教学线是教学的每个环节需要预设的问题（在后面的基于童话的"线"式数学教学中将详细说明）。童话故事有故事的开端、经过、高潮、结尾，对应课堂教学的导课、复习、新授、练习、总结，这些环节都对应教材的知识体系，这三条线相互照应，齐头并进向前发展。

## （一）案例

以人教版小学数学五年级下册分数和小数互化 77 页例 1、2 的教学设计为例：

### 丁当木匠铺
#### ——分数和小数的互化

| 教学内容 | 人教版小学数学五年级下册分数和小数互化 77 页例 1、2。 |
|---|---|
| 教学目标 | 1. 理解小数化成分数、分数化成小数的方法，能根据分数与除法的关系把分数化成小数。<br>2. 认识能化成有限小数的最简分数的特点，会判断一个最简分数能不能化成有限小数。<br>3. 在知识探索过程的参与讨论中培养学生观察、归纳、解决问题的能力。 |
| 教学重点 | 能根据分数与除法的关系把分数化成小数。 |
| 教学难点 | 会判断一个最简分数能不能化成有限小数。 |

<table>
<tr><td colspan="3" align="center">教学过程</td></tr>
<tr><td>童话故事线</td><td>教材线</td><td>课堂教学线</td></tr>
<tr><td>小螳螂丁丁和当当都长大了，它俩很想学习一项手艺。</td><td></td><td></td></tr>
<tr><td>爸爸出主意说螳螂村木匠较少，将来学成之后容易择业，做木匠有 0.5 的可能性能找到工作，找其他工作仅仅有 0.2 的可能性。</td><td></td><td>一、复习小数的意义<br>1. 在（ ）内填上正确答案。<br>（1）0.5 表示（ ）分之（ ）。<br>（2）0.2 表示（ ）分之（ ），写作（ ）。<br>2. 想一想，小数的意义是什么？</td></tr>
<tr><td>丁丁、当当也很喜欢动手，因此就采纳了爸爸的建议，并拜螳螂村里有名的木匠老姜头为师。</td><td></td><td></td></tr>
</table>

续表

| 童话故事线 | 教材线 | 课堂教学线 |
|---|---|---|
| 老姜头很爽快地接受了丁丁和当当为学徒，在学艺第一天，老姜头就交给丁丁当当一项任务——学拉锯，他让丁丁把一根 3m 长的木料平均分成 10 段；让当当把一根 3m 长的木料平均分成 5 段。 | 把一条 3m 长的绳子平均分成 10 段，每段长多少米？如果平均分成 5 段呢？<br><br>$3÷10=0.3$(m)<br>$3÷5=0.6$(m)<br><br>$3÷10=\dfrac{3}{10}$(m) $3÷5=\dfrac{3}{5}$(m)<br><br>所以，$0.3=\dfrac{3}{10}$ $0.6=\dfrac{3}{5}$。<br><br>怎样能较快地把小数化成分数？<br><br>小数表示的就是十分之几、百分之几、千分之几……的数，所以可以直接写成分母是 10，100，1000，…的分数，再化简。<br><br>$0.3=\dfrac{3}{10}$ $0.6=\dfrac{6}{10}=\dfrac{3}{5}$ | 二、课程学习<br>1. 教学例题 1：把一根 3m 长的木料平均分成 10 段，每段长多少米？如果平均分成 5 段呢？<br>问题：你能用小数和分数分别表示出每段木料的长度吗？（学生独立计算，也可以让同桌两人合作，一人的计算结果用小数表示，另一人的用分数表示）<br>（1）通过用两种方法表示等分绳长的结果：得出方法 1：<br>$3÷10=0.3$（m）<br>$3÷5=0.6$（m）<br>方法 2：<br>$3÷10=3/10$（m）<br>$3÷5=3/5$（m）？<br>（2）两种不同形式的结果是相等的，我们将它们直接用等号联结。那么，能不能把小数直接写成分数？如果能，怎样写？思考：怎样能较快地把小数化成分数？ |
| 一开始的时候，丁丁与当当的速度差不多，但一段时间之后当当就有点吃不消了，原来一开始是 0.07 分钟锯一段，后来要用 0.123 分钟，再后来要用 0.24 分钟才能锯一段。 | 自己试一试：<br>$0.07=\dfrac{7}{(\quad)}$ $0.24=\dfrac{24}{(\quad)}=\dfrac{(\quad)}{(\quad)}$<br><br>$0.123=\dfrac{(\quad)}{(\quad)}$ | 2. 自己试一试：<br>$0.07=7/(\quad)$<br>$0.123=(\quad)/(\quad)$<br>$0.24=24/(\quad)=(\quad)/(\quad)$ |
| 丁丁看当当后来累得气喘吁吁，赶紧过来帮助当当，很快就完成了老姜头交给的学习任务。 | | |

| 童话故事线 | 教材线 | 课堂教学线 |
|---|---|---|
| 老姜头又接着教给弟兄俩学习划线的方法后，就把两把尺子交给丁丁与当当，并吩咐丁丁在木料上分别画出7/10、39/100、3/4的位置，吩咐当当在木料上画出9/40、2/9、5/14的位置…… | 把 $\frac{7}{10}$、$\frac{39}{100}$、$\frac{3}{4}$、$\frac{9}{40}$、$\frac{2}{9}$、$\frac{5}{14}$ 化成小数（除不尽的保留两位小数）<br><br>$\frac{7}{10} = 0.7$  $\frac{3}{4} = 3 \div 4 = 0.75$<br>$\frac{39}{100} = 0.39$  $\frac{9}{40} = 9 \div 40 = 0.225$<br>$\frac{2}{9} = 2 \div 9 \approx 0.22$<br>$\frac{5}{14} = 5 \div 14 \approx 0.36$<br><br>用分子除以分母除不尽时，要根据需要按"四舍五入"法保留几位小数。 | 3. 教学例题2：把7/10、39/100、3/4、9/40、2/9、5/14 化成小数（不能化成有限小数的保留两位小数）。学生自己解答。总结：一般方法：分子÷分母（除不尽时按要求保留几位小数） |
| 丁丁与当当感觉这个任务倒是省力，更不会累得满头大汗，但他们俩依旧一丝不苟地去划每一个点 | | |
| 师傅对丁丁、当当的表现很满意，就开始把一些木工工具交给兄弟俩，只见交给当当一把衡量是否是直角的40cm的拐尺和一个检验是否垂直的150g的铅坠；交给当当一个125cm²量角器和一个3680cm³的木工工具箱。 | 7. 在下表的括号里填上适当的数。<br><br>用小数表示 / 用分数表示：<br>40cm （ ）m （ ）m<br>150g （ ）kg （ ）kg<br>125cm² （ ）dm² （ ）dm²<br>3680dm³ （ ）m³ （ ）m³ | 三、巩固练习<br>1. 解答79页练习十九第7题。<br>2. 解答77页做一做，把这6个数按从小到大的顺序排列起来。 |
| | | 四、总结<br>本节课你有哪些收获？ |
| 丁丁与当当学习很勤奋，又乐于助人，没过几年就成了螳螂村里非常有名的木匠，并自力更生开办了一家"丁当木匠铺"，生意非常红火。 | | |

附板书设计：

分数和小数的互化

（略）

（二）故事线说明

现就故事线的内容呈现形式加以说明：

1. 自创素材

以自创素材呈现在故事线中。教师根据数学知识点自行编写新奇、有趣的童话故事，这样更能激发学生对本节课的好奇，从而增强求知欲望。在我的教学与团队教学中，80% 都属于自创题材。

如《妈妈的味道（比的应用）》这节数学知识的故事线的呈现，先是绿巨人问奇奇的蛋糕店里是否有妈妈的味道的蛋糕。后来兜兜的解释给出了谜底，那就是绿巨人妈妈为绿巨人做蛋糕的特殊配方，用鸡蛋、白糖、小麦粉按照 3:1:8 的比例做成一个蛋糕，绿巨人做梦都想吃这个。

这样的故事线就会让学生带着好奇心在课堂上进行数学思考：

今天奇奇蛋糕店接待了一批特殊的客人，他们的要求着实难住了蛋糕店的老板奇奇。

原来，奇奇一大早打开店门，就发现黑巨人、白巨人、绿巨人、蓝巨人、红巨人、棕巨人齐刷刷地站在店门口。

奇奇吓了一跳，赶紧问："大家这么早？有啥急事吗？"

"你们这里有妈妈的味道的蛋糕吗？"绿巨人问奇奇。

"妈妈味道？"奇奇一听就头大了，问道，"这是啥牌子，我从来没听说过。"

正在这时兜兜走过来，才给奇奇解了围："你这个肯定没听说过，因为这是绿巨人妈妈为绿巨人做蛋糕的特殊配方，用鸡蛋、白糖、小麦粉按照 3:1:8 的比例做成一个蛋糕，绿巨人做梦都想吃这个。"

"原来这样。"奇奇一听笑了,"真温馨的蛋糕名字,今后我们的蛋糕店又多了一个品牌,那就是妈妈的味道。"

"我也要做一个'妈妈的味道'。"白巨人上前一步对奇奇说。

"白巨人说过,他特别爱吃果味的,你试试能不能做出他想要的'妈妈的味道'。"兜兜提醒说。

奇奇为了省时间,就先做成果汁的形式,然后让白巨人品尝,只见他用果汁和水按 1:4 的比配成了一瓶 500 毫升的饮料,让白巨人品尝。

白巨人接过奇奇的饮料尝了尝,然后摇摇头说:"不是这个味道。"

奇奇一听,赶紧又调试了一下果汁的含量,按照果汁、牛奶、水的比为 1:1:3 进行调配,并递给白巨人品尝。白巨人喝着喝着竟然流出了幸福的眼泪,一瓶 500 毫升的饮料不知不觉就喝完了。

刚才的一幕也把奇奇震撼到了,他没想到"妈妈的味道"竟然这么感人。

"我也要……"

"我也要……"

巨人们纷纷要求做出自己需要的"妈妈的味道",奇奇忙乎了很久才帮几位巨人完成了心愿,虽然很累,但很幸福。

最后奇奇突发奇想,要做一个 20 千克的大蛋糕,按照水果、牛奶、淀粉 2:3:5 的比,然后放到数学村的大广场上让数学村的孩子们进行品尝,蛋糕的名字就叫"妈妈的味道"。

这一消息不胫而走,还没等奇奇把蛋糕做好,广场上就站满了想要品尝蛋糕的孩子们,他们都很好奇——"妈妈的味道"到底是什么味道?

2.改写素材

以改写素材呈现在故事线中。即对电影、童话著作的情节进行改造，变成与相应数学知识有机联系的童话故事，从而提高孩子的求知欲望。如《圆梦巨人》的章节就可以进行加工改写作为两位数乘两位数（口算）的教学素材：

**圆梦巨人（一）**
—— 两位数乘两位数（口算）

| 童话故事线 | 教材线 | 课堂教学线 |
|---|---|---|
| 在一座孤儿院里有个叫苏菲的小姑娘，她最喜欢做的事情就是晚上透过窗户看天上的星星，那边有 3 组红色的星星，每组有 5 颗，一眨一眨的，像红宝石；那边有 5 组蓝星星，每组 6 颗，像孤儿院院长的眼睛，深情地望着她…… | | 一、复习旧知 |
| 这时，在大街对面的酒坊里有 3 个房间传出乱糟糟的声音，每个房间有 15 个人都喝醉了，他们划拳、吆喝，苏菲听了实在是烦透了。 | 例1 | 二、教学例 1<br>1. 情境引入，提出问题<br>3 个房间，每个房间有 15 个人，一共多少人？<br>2. 启发谈话，板书课题<br>3. 探究算法，讲解算理 |
| 她想象着在每个房间里放飞进去 150 只黄蜂来惩罚这些醉汉们，苏菲闭着眼睛幻想醉汉们被黄蜂蛰得到处乱躲的情景，竟然独自咯咯咯地笑了。 | 拓展 | 4. 拓展延伸<br>3 个房间，每个房间有 150 只黄蜂，一共有多少只黄蜂？ |
| 夜深了，苏菲没有一点睡意，她又开始数流星，每看到一颗流星划破天空，她就会折一颗纸星星放到盒子里，最后苏菲发现她放流星的盒子已经装了 10 盒，每盒 6 颗纸星星。 | 例2 | 三、教学例 2<br>每盒 6 颗纸星星，10 盒共有多少颗纸星星？ |
| 她打算在每个盒子里装 12 颗纸星星，装满 20 盒，因为她听别人说等装满 20 盒的时候巫师就会出现，她很想看看巫师的模样。 | 拓展 | 拓展延伸<br>每盒装 12 颗纸星星，装满 20 盒，有多少颗纸星星？ |

续表

| 童话故事线 | 教材线 | 课堂教学线 |
|---|---|---|
| "如果这样还是见不到巫师的话,我就做150只纸盒,每只盒子里放6颗纸星星,或者做120只纸盒子,每只盒子里放30颗纸星星,反正我会一直等到巫师出现为止。"苏菲暗自下决心。 | | 四、知识应用,巩固练习 |
| 就这样,苏菲一边看着窗外,一边折着星星,不知不觉就睡着了。 | | 五、总结 |

**3. 现有素材**

以现有的素材呈现在故事线中。现在很多故事素材都能为我们的课堂教学所用,包括动画电影的故事片段、绘本故事、作家的童话小说等。

比如故事绘本《蓝巨人》这本书中的情节,完全可以作为"7"的分解与合成的阅读素材:

> 森林里住着7个小矮人,他们都是有名字的哦:戴眼镜的叫"小眼镜",穿红衣的叫"红马甲",留胡子的叫"黑胡子",披大氅的叫"小披风",戴帽子的叫"小毡帽",还有"小灵巧""小羽毛",畅畅可喜欢他们的名字了。
>
> 一天,来了一个蓝巨人,他在海洋、沙滩、高山上都睡不着,只好来森林试试了。
>
> 七个小矮人决定帮帮他,一个出主意,另外六个同意。
>
> 两个上山去采催眠花,五个下海去采催眠草。
>
> 在回家的路上,他们相遇了,三个去洗花草,四个去烧开水。
>
> 小矮人们熬好了一锅催眠汤,可是还不够蓝巨人喝半勺的。
>
> 小矮人们又决定去采催眠树叶给他做枕头,树非常高大而小矮人太矮小,怎办?叠罗汉啦!

枕头只能和巨人半只耳朵一样大。善良的小矮人们又想到一个主意：唱催眠曲给蓝巨人听，正如当年他们的妈妈所唱的一样。

蓝巨人在"妈妈"温柔的催眠曲中睡着了，小矮人们也挨挨挤挤地睡着了。

## 三　基于童话的"线"式数学教学

小学数学课堂的教学形式无论怎么变化，但有两点是必不可少的，一是兴趣，这是学好数学的根本，学生一旦有了兴趣，课堂学习就会事半功倍，一旦失去了兴趣，课堂学习就会事倍功半；二是探究，数学课堂应该是探究的课堂，"纸上得来终觉浅，绝知此事要躬行"，说的就是遇到问题要学会探究，而不能简单的告诉，绝对不能使我们的学生成为学习上的"妈宝男"。

童话数学课堂教学就是基于以上两点有效进行的，具体操作根据课型变化而又不断调整。

### （一）按课堂类型分

1. 新授课

在童话数学新授课堂上，学生活动可以是独读，或是齐读课件中的情节，或是实验、或是游戏，以此来完成知识的探究过程，而教师活动是提取故事中的问题，进行启发性提问。整个纵向的数学课堂将分为"五线"，即"布疑线——猜疑线——探疑线——悟疑线——拓疑线"（以《抽屉问题》为例）。

　　"故事引入布疑线"即童话数学教学在故事的开头首先交代故事发生的原因，其中隐藏要复习的旧知，学生边读边解决旧知中的疑问，并产生新的疑问，如《万鸽归巢（抽屉问题）》以 4 只蓝鸽精灵进入 3 个房间，思考总有一个房间至少有几只蓝鸽精灵作为引子渐渐与新知靠近，从而寻找与新知的切入点。

| 童话故事线 | 教材线 | 课堂教学线 |
|---|---|---|
| 充满魅力的金鸽王国每年都要进行一次聚会，在聚会那天各色鸽精灵们都会从四面八方飞向金鸽王国。 | | 1. 导课<br>同学们听说过金鸽王国吗？见过金鸽王国的聚会吗？今天我们就来亲眼目睹这一金鸽王国的盛大活动，板书课题：万鸽归巢 |
| 美丽的蓝鸽精灵是最先到达金鸽王国的，国王吩咐侍卫如果有 3 只蓝鸽精灵就准备 2 个房间，如果有 4 只蓝鸽精灵就准备 3 个房间，如果有 5 只蓝鸽精灵就准备 4 个房间…… | <br>例 1 | 2. 新授（例 1 教学）<br>同学们用圆圈代替蓝鸽精灵，用方框代替房间，画一画，你有什么发现？<br>看看我说下面这句话"总有一个房间至少有 3 只蓝鸽精灵"对吗？<br>不对，为什么？你能推翻它吗？<br>（不管怎么安排，总有一个房间至少有 2 只蓝鸽精灵） |

　　"故事发展操作（游戏）猜疑线"，随着故事线中故事的发展，并按照三线并行的原则，课堂教学也就到了对数学思想的探究环节，学生会饶有兴趣地在读故事的同时探究数学问题的解决办法。这时，学生们通过第一回合的思维碰撞，巩固了旧知，并对新知有了一个朦胧的认识，产生好奇心，并带着问题去探究接下来的问题，如《万鸽归巢（抽屉问题）》，5 只蓝鸽精灵进入 4 个房间会怎样……100 只蓝鸽精灵进入 99 个房间又会怎样？在这种好奇心的鼓动下，老师鼓励学生用身边的小棒代替蓝鸽精灵，并用水杯代替房间来进行实验操作验证（或游戏验证），并填写实验报告单。

展示学生作品。

师：看老师是怎么画的。（现场画给学生看，处理"至少"的疑问）

师：这种方法我们叫它列举法，那么如果有100只蓝鸽精灵时仍然用这种列举法是否科学呢？有没有更好的办法呢？

（先让学生讨论，然后教师示范画出）

师：你能看出什么吗？（得出"平均分"）

师：同学们观察很仔细，先把蓝鸽精灵平均分，能不能用一个除法算式表达呢：

$$4 \div 3 = 1 \cdots\cdots 1 \quad 1+1=2$$
$$5 \div 4 = 1 \cdots\cdots 1 \quad 1+1=2$$

当多出一个的时候会有这个规律：不管怎么安排，总有一个房间有2只蓝鸽精灵。那么当多出2个的时候呢？

| 蓝鸽精灵只数 | 房间数 | 总有一个房间至少住的鸽子数 | |
|:---:|:---:|:---:|:---:|
| 5 | 4 | $5 \div 4 = 1 \cdots\cdots 1$ | $1+1=2$ |
| 6 | 5 | $6 \div 5 = 1 \cdots\cdots 1$ | $1+1=2$ |
| 7 | 6 | $7 \div 6 = 1 \cdots\cdots 1$ | $1+1=2$ |
| 10 | 9 | $10 \div 9 = 1 \cdots\cdots 1$ | $1+1=2$ |
| …… | …… | …… | |
| 100 | 99 | $100 \div 99 = 1 \cdots\cdots 1$ | $1+1=2$ |

"故事高潮讨论探疑线"，即在故事情节之下对学生们实验操作产生的结论，一一展示给学生。故事进展到这里，学生就会产生疑问："到底至少数与哪些因素有关呢？"在此，故事的话题一转，又出现另一个情景："8只白鸽精灵因为住在北极，所以很晚才赶过来，它们住进了4个房间。后来，金鸽王国又来了9、10、11、12、13、14、15、16位友邦邻国的朋友，金鸽国王亲自带领它们分别住进了4个房间。"这时组织合作小组重新进行讨论验证——现在的情形下至少数是多少。

| | | |
|---|---|---|
| 没过多久，紫鸽精灵也到达了金鸽王国，国王吩咐侍卫为6只紫鸽精灵准备4个房间。 | 练习：6只鸽子飞进4个鸽笼，总有一个鸽笼至少飞进2只鸽子。为什么？ | 3. 练习<br>同学们画一画试试看结果如何（重点还是理解"至少"）？像刚才能否结合列算式找一下规律？<br>师：刚才我们在多一个的时候有这个规律，那么当多两只紫鸽精灵时又会怎么样呢？我们继续看故事。 |
| 突然，外面一阵喧哗，原来红鸽精灵风风火火飞来了。侍卫们赶紧把7只红鸽精灵请进4个房间。 | 例2 | 4. 新授（例2教学）<br>按照我们刚才平均分的方法先画一下图，再列一下算式。<br>$7 \div 4 = 1 \cdots\cdots 3$ |

"故事发展总结悟疑线"是课堂教学知识点的总结阶段，通过刚才实验（或游戏）后的讨论，学生们对所学知识点大部分都有了一个清晰的认识。比如刚才说的"至少数"，学生就会得出"至少数＝商+1（整除时至少数＝商）"的数学模型。从而让学生把知识"捆"起来"背"走。

| | | |
|---|---|---|
| 8只白鸽精灵因为住在北极，所以很晚才赶过来，它们住进了4个房间。后来，金鸽王国又来了9、10、11、12、13、14、15、16位友邦邻国的朋友，金鸽国王亲自带领它们分别住进了4个房间。 | 建模 | 那如果紫鸽精灵继续增加呢？<br><br>表格（见下）<br><br>你发现有什么规律了吗？<br>如果有余数，总有一个房间住的紫鸽的至少数是"商+1"；如果正好分完，至少数等于商。 |

| 紫鸽数 | 房间数 | | 总有一个房间至少住的紫鸽数 |
|---|---|---|---|
| 5 | 4 | $5 \div 4 = 1 \cdots\cdots 1$ | $1+1=2$ |
| 6 | 4 | $6 \div 4 = 1 \cdots\cdots 2$ | $1+1=2$ |
| 7 | 4 | $7 \div 4 = 1 \cdots\cdots 3$ | $1+1=2$ |
| 8 | 4 | $8 \div 4 = 2$ | $2$ |
| 9 | 4 | $9 \div 4 = 2 \cdots\cdots 1$ | $2+1=3$ |
| 10 | 4 | $10 \div 4 = 2 \cdots\cdots 2$ | $2+1=3$ |
| 11 | 4 | $11 \div 4 = 2 \cdots\cdots 3$ | $2+1=3$ |
| 12 | 4 | $12 \div 4 = 3$ | $3$ |
| 13 | 4 | $13 \div 4 = 3 \cdots\cdots 1$ | $3+1=4$ |
| 14 | 4 | $14 \div 4 = 3 \cdots\cdots 2$ | $3+1=4$ |
| 15 | 4 | $15 \div 4 = 3 \cdots\cdots 3$ | $3+1=4$ |
| 16 | 4 | | |
| 17 | 4 | $17 \div 4 = 4 \cdots\cdots 1$ | $4+1=5$ |

"故事结局深化拓疑线"，即故事的呈现形式中也相继渗透本节故事的练习题目，但练习题目并不是醒目地嵌入在故事中，而是以融入式渗透在故事中，如："客人们到齐了，金鸽国王宣布盛宴开始。他特意让大厨把11样佳肴放进4个抽屉里，让客人们寻找。"在练习

过程中，让学生思考"哪些是待分物体，哪些是抽屉"，从而注重了知识的训练层次，注重了学生能力的训练与培养。

| | | |
|---|---|---|
| 客人们到齐了，金鸽国王宣布盛宴开始。他特意让大厨把 11 样佳肴放进 4 个抽屉里，让客人们寻找。 | 练习：11 只鸽子飞进 4 只鸽笼，总有一只鸽笼至少飞进了 3 只鸽子。为什么？ | 5. 练习并建立模型。（板书）<br>11÷4=2……3  2+1=3<br>11 样佳肴……物体<br>4 个抽屉……抽屉<br>（板书副标题：抽屉原理）<br>师：解决此类问题就是要同学们明白哪些是待分物体，哪些是抽屉。（板书：待分物体  抽屉） |
| 突然，"祝你生日快乐"音乐响起，大家都很惊奇，金鸽国王神秘地告诉大家，今天参加宴会的精灵一共有 367 人，至少有两位精灵的生日在今天。 | 练习 | 师：你知道为什么吗？ |
| 大家都很佩服金鸽国王的细心，他们一起唱起生日歌为朋友庆祝生日，还有的精灵激情跳起了舞蹈，别提有多开心了。 | | 6. 总结：今天你学习了什么？ |

为了提高孩子的兴趣与探究能力，我们团队新授课的形式在童话故事的基础上，还融入了游戏与实验环节，都取得了可喜的课堂效果。

如学习括号这一知识点，为了让学生学会括号的作用，就使用"童话＋游戏"的教学模式进行教学：

山羊大师还是不放心关押金钱豹的牢房，为此特意派螳螂前去报信，看守所长河马对此很是不以为然，它漫不经心地在手里玩着 4 张扑克牌。

"河马所长，你这是玩的 24 点呀。"螳螂走到近前套近乎地说。

"对呀。"河马两手挪动着纸牌，看也不看螳螂一眼。

"前两张乘，后两张乘，然后加起来就是 24 点。"螳螂说。

"闭嘴！"河马有点发怒。

"这样也能得到 24 点的。"螳螂并不在乎河马所长的态度，凑近后大胆地挪了一下纸牌说。

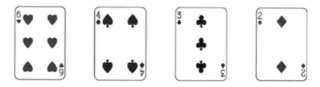

"不懂不要装懂好不好，这怎么能凑成 24 点呢？"河马瞪大了双眼问。

"后面的加上括号您试试。"螳螂咯咯笑着说。

看螳螂这么聪明，河马很是喜欢，就带领螳螂观察关押金钱豹的牢房，并吹牛说万无一失，让山羊大师尽管放心。

它们走进关押金钱豹的牢房，高傲的河马就把神龙秘籍的事不小心说了出来。

金钱豹也听到了他们的对话，他听到神龙秘籍这四个字时很是兴奋，立即瞪大了眼睛，发出呜呜呜的声音，螳螂看到金钱豹的样子，害怕极了，小手一阵发抖，刚才的 4 张扑克牌掉落在牢房的地上。

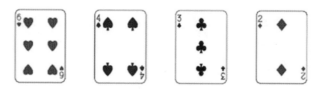

看到金钱豹安全地锁在地牢里，螳螂就放心地回去复命了。临走之前，螳螂又帮助河马所长玩了两把 24 点，河马高兴极了。

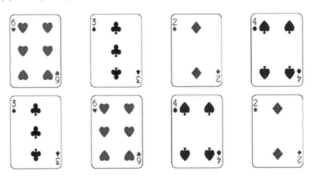

而这边的巨人阿棕，正在接受山羊大师的武艺测试，他们试图以此赶走阿棕，最终阿棕被打得鼻青脸肿，再加上盖世五侠大声嘲笑自己，阿棕对此恨之入骨，但最终阿棕丧气了，它准备放弃，回家重操旧业——做面条。

2.练习课

练习课是小学数学教学的主要课型之一，约占总课时数的一半左右。它是一种有目的、有计划、有指导的训练活动，是学生巩固知识、形成技能、培养能力的重要途径。练习课的教学分两种类型，一是就某一知识点系统练习，二是就一个典型题目进行练习。

（1）知识点系统练习课。

童话数学练习课堂教学的基本程序是"检查复习线——基本训练线——范例精讲线——综合训练线——拓展延伸线"。

①检查复习线。主要是回忆已学的基础知识，特别是本课内容所需的基础知识，同时，也进行一些基本技能训练（包括口算训练和应用题的基础训练等）。

②基本训练线。多采用口答、视算、抢答、比赛等方式。

③范例精解线。精选有代表性的、综合性强的内容作为例题供同学们研究。

④综合训练线。围绕练习目标、重点、难点组织内容，由易到难、由浅入深，层层递进组织练习。

⑤拓展延伸线。练习课一定要视学生的实际情况再进行相应必要的拓展，把培优落实在课内。

如人教版三年级下册《两位数乘两位数（进位）练习课》：

圆梦巨人（三）

——两位数乘两位数（进位）

| 童话故事线 | 知识线 | 课堂教学线 |
|---|---|---|
| 苏菲从噩梦中惊醒，原来这一切都是好心眼巨人捣的鬼，他是故意吓唬苏菲的。他的恶梦瓶子里有 14 箱恶梦，每箱里又用 24 个瓶子盛着，他随后就取出一种进入了苏菲的梦乡。 | 列竖式计算 $14 \times 26$ | 一、检查复习<br>类似这样的进位乘法要注意哪些方面的问题呢？ |
| 好心眼巨人边与苏菲说话边拿出一瓶液体，并告诉苏菲这种向下冒泡的汽水喝了之后很爽，会嘴里啪啦砰砰乱响，苏菲不知道什么意思，看巨人喝下之后，就只听巨人平均一分钟放了 24 个响屁，一共放了 36 分钟，实在把苏菲吓了一跳。 | 列竖式计算 $24 \times 36$ | 二、基本训练<br>1. 找学生竖式板演<br>2. 解答以下进位乘法<br>$27 \times 14 \quad 15 \times 62$<br>$36 \times 25 \quad 42 \times 28$<br>$48 \times 31 \quad 45 \times 76$ |
| 正在这时，食肉巨人来了，他闻到了苏菲的气味，并且抱怨说天天吃长鼻子瓜，每天吃 43 个，已经吃了 46 天了，烦透了，他想要吃人。 | | 三、范例精讲<br>针对这样的竖式计算正确吗？<br>补充：<br> |

续表

| 童话故事线 | 知识线 | 课堂教学线 |
|---|---|---|
| 最后好心眼巨人好说歹说总算把食肉巨人给骗走了，然后他决定带苏菲进入梦的国度里去捉梦。他们在梦的国度里经过了 23 个村庄，每个村庄捉到了 14 个美好的梦。 | | 四、综合训练<br>小蜜蜂采花蜜：<br> |
| 好心眼巨人特意对一个温柔的、美好的梦起了一个名字叫做苏菲，然后写下来，贴在瓶子上作为这个梦的标签。 | | |
| 接着，好心眼巨人就带着苏菲去吹梦，他要给悲伤的孩子吹快乐的梦，要给忧郁的孩子吹开心的梦，就这样，他们一共带了 380 个梦，计划每个村庄送出的梦比 25 个要多，在经过了 13 个村庄后，梦还没有送完。<br>送梦的旅程中，苏菲清晰地听到孩子们都在梦中咯咯地笑着，她的内心快乐极了。 | 李老师带 380 元钱去商店买足球，发现足球的价钱比 25 元贵。买了 13 个足球后，钱还没花完。<br>（1）足球的价钱可能是多少？<br>（2）如果买完足球后剩余 16 元，足球的价钱是多少？ | 五、拓展延伸<br>1. 师：每个村庄可能要送多少个梦？<br>2. 如果送完 13 个村庄后还剩余 16 个梦，那么每个村庄要送多少个梦？ |
| 但他们却还不知道，一场巨大的阴谋在等着他们，因为他们俩的行踪已经被巨人国的食肉巨人发现了。 | | 六、课堂总结 |

（2）典型难题的练习课。

有些典型的难题，为了达到思维的简单化，在设计的时候也是基于童话故事进行的。

比如人教版一年级上册 80 页第 5 题：今天有雨，运动会推迟三天再开，推迟后，运动会星期几开？

第 6 题：今天我从第 10 页读到第 14 页，明天读第 15 页，今天读了多少页？

为突破这一难点，设立了这样的童话故事：

就在这时，天空突然乌云密布，电闪雷鸣，狂风也呼呼刮起来。

"猴哥，快看看，难道又来了妖怪？"八戒又开始害怕了。

"八戒，不要害怕，哪来那么多妖怪，不过是突然的恶劣天气而已，看来我们的行程要推迟1天了。"唐僧安慰八戒说。

"推迟1天？那今天是11月5日星期一，推迟1天就是11月6日星期二，推迟2天就是11月7日星期三，推迟三天就是11月8日星期四。"八戒板着指头计算着。

"推迟几天就加几。"唐僧肯定地点点头。

"那如果我抄《金刚经》，从第10页抄到第14页，明天该抄第15页了，是不是直接用14减去10呢？"八戒突然想起这个问题。

"不是的。"唐僧摇摇头，"直接相减就会漏掉最前面的第10页，或者漏掉最后面的第14页。这种思维方法是两数相减加1法。它多用在生活实践中的计算，最简单的方法就是画图解决。"

"明白了师父。"八戒老老实实地向唐僧深深鞠了一躬。

正说话间，大雨哗哗地倾注下来。

唐僧他们赶紧躲进蜘蛛洞避雨。

蜘蛛洞还真是别具洞天，只见洞内装饰得金碧辉煌，并且很是宽大，他们试探了一下，竟然没有找到尽头。

"不管那么多了，估计没有蜘蛛精来骚扰我们了，睡觉吧。"八戒的话语刚落地，自己竟然打起了呼噜。

唐僧睡不着，就静静地在那里打坐。

悟空、沙僧在一旁陪着师父。

不知道过了多久，悟空突然听到敲梆子的声音，"当当当"。

> "什么声音？"悟空警觉起来。
>
> "像是更夫打更的声音。"沙僧听了听说。
>
> "不会吧，这里哪有更夫？"悟空有点不相信。
>
> "悟空，快去看个究竟吧。"唐僧也有点好奇。
>
> 悟空听了师父的吩咐，就起身朝洞的深处蹑手蹑脚地寻找。

针对这样的问题最好的思考办法就是从最简单的问题入手，即从推迟一天开始思考。而不能一下子就想推迟三天是几号，这样只能越想越糊涂。

再比如从第 10 页抄到第 14 页，如果直接相减，肯定漏掉一页，像这样两头数字都要计算在内的题目就要两头数字相减后再加 1。

总之，我们要不断更新教育观念，认识练习课的地位作用，认真钻研教材，精心设计和组织练习，做到精选、多变、巧练，通过点——线——面层次的练习使知识形成网络。充分发挥习题的功能，不仅能使学生扎实有效地理解和掌握数学中最基础的知识，形成基本的数学技能，还能培养学生的数学应用意识和能力。

3. 复习课

《现代汉语》是这样解释"复习"一词的：把学习过的东西再巩固。古代大教育家孔子曰："温故而知新。"可见复习巩固旧知对学习起到的铺垫作用，在学生的学习中非常重要。小学数学复习课的教学关系到教学质量能否提高，学生素质能否增强。

数学课程标准明确提出了小学数学复习课要做到以下创新：创设情境，在氛围上创新；有机渗透，在品德上创新；联系生活，在实践中创新；趣化复习题，在兴趣上创新；体现开放性，在知识上创新；自主整理知识，在内在联系上创新；关注方法，在能力上创新。

童话数学复习课的教学就是在以上标准上实施的，现在以三年级下册解决问题复习为例：

## 豌豆公主（四）
### ——关于面积的数学问题

| 教学内容 | 人教版小学三年级数学下册第 72 页解决问题 |
|---|---|
| 教学目标 | 1. 能正确运用面积相关知识解决实际问题。<br>2. 能用画图思考的方法理解长方形同面积而不同周长问题的规律。<br>3. 培养学生善于思考和解决问题的能力。 |
| 教学重点 | 正确运用面积相关知识解决实际问题。 |
| 教学难点 | 能用语言描述长方形同面积而不同周长问题的规律。 |

<table>
<tr><td colspan="3" align="center">教学过程</td></tr>
<tr><td align="center">童话故事线</td><td align="center">教材线</td><td align="center">课堂教学线</td></tr>
<tr><td></td><td></td><td>一、复习旧知</td></tr>
<tr><td>豌豆公主根本不想嫁给鼹鼠，但也没拒绝他，公主很矛盾，她不知道该怎么办才好。</td><td></td><td></td></tr>
<tr><td>鼹鼠不知道公主心里是怎么想的，他一直自认为公主肯定喜欢他的富有与帅气，因此在家很卖力地准备着婚房，他先是把长 6 分米、宽 3 分米的客厅铺上了边长是 3 厘米的正方形地砖。</td><td>客厅的长是 6 米，宽是 3 米。<br><br>地砖的边长是 3 分米。</td><td>二、新授<br>一共需要多少块地砖？<br>用几种方法能解决这个问题？</td></tr>
<tr><td>然后又在长 3 分米、宽 2 分米的厨房里，也铺上了面积是 4 平方厘米的正方形地砖。</td><td>厨房地面长 3 米、宽 2 米<br>地砖面积是 4 平方分米</td><td>三、巩固练习<br>1. 需要多少块地转？</td></tr>
<tr><td>鼹鼠还为了去田鼠家串门方便，特意挖了一条 9 米长、8 厘米宽的地道，为了让豌豆公主喜欢，也花大价钱铺上了 4 平方厘米的地转。</td><td>长 90 米。<br>宽 6 米。</td><td>2. 这条地道需要多少块地砖？</td></tr>
<tr><td>可是豌豆公主并不感到高兴，她不想在这暗无天日的黑暗中，她怀念那美丽的豌豆园，怀念爸爸妈妈，她禁不住在田鼠门前望着远方流出了眼泪。</td><td></td><td></td></tr>
</table>

续表

| 童话故事线 | 教材线 | 课堂教学线 |
|---|---|---|
|  |  | 四、课堂小结<br>今天学习了什么内容？ |
| "美丽的公主，我能为你做些什么吗？"一只燕子看到田鼠门前哭泣的豌豆公主慢声细语地问。"你能带我回家吗？"公主问。 |  |  |
| 燕子满口答应。就这样燕子就带着豌豆公主飞向空中，飞过森林，飞过大海，飞过大山，最后来到了自己的家——那美丽的豌豆园。 |  |  |

附板书设计：

解决问题

$6 \times 3 = 18$（平方米）

$18$ 平方米 $= 1800$ 平方分米

$3 \times 3 = 9$（平方分米）

$1800 \div 9 = 200$（块）

　　学生不是为了学习而学习，而是为了能够运用数学知识，用数学思维去解决实际问题，从而形成学习新知识的能力，以适应社会发展的需要。在整个复习过程中，不能让学生只做"听众""观众"，应把复习的机会还给学生，通过多种策略激发学生的复习兴趣，让学生自己去完成回忆、讨论、整理、沟通、归纳、应用的过程，使学生真正成为学习的主人。

　　数学复习课的创造性教学应成为我们关注的焦点，为了适应面向21世纪小学数学教学新体系，跳出"传统的复习课课堂教学模式"，我们都应该努力实现复习课的创造性教学。

　　4. 测验课

　　测验课堂也可以以童话故事的形式设计各种题型，这里题型依然是重点，而童话故事仅仅是一种题型标志，只不过变化了一种形式而已，目的就是使知识变得更温和一点。

比如人教版四年级下册期末测试就可以这样设计测验试卷：

## 四年级下册数学期末试题

（1）兜兜与妞妞要去找绿巨人，他们经过一条小河，很快来到一座山下，他们需要登上 26 个台阶才能到达山洞，每登一个台阶，自己的能量就会增加 1 分。

① 100.0103 读作（　　　），五十点五零写作（　　　）。

②一个数由 5 个十和 12 个百分之一组成，这个数写作（　　　）。

③在一个三角形中，一个角是 72°，另一个角是 48°，第三个角是（　　）；一个等腰三角形的底角是45°，这个三角形一定是（　　）三角形（按角分类）。

④甲、乙两地间的距离是 6378.137 km，6378.137 精确到十分位约是（　　），保留两位小数约是（　　），保留整数约是（　　）。

⑤把 25 缩小到原来的（　　）是 0.025，把 7.8 的小数点向右移动两位，得到的数是（　　）。

⑥ 306900 四舍五入到"万"位约是（　　），把 687430000 改写成用"亿"作单位的数是（　　）。

⑦ 8×53×125=53×（8×125）运用了乘法（　　）律和（　　）律。

⑧根据运算定律，填上合适的数。

900−224−476=900−（____+____）

4×a+5×a=（____+____）×a

⑨ 24 cm=（　　）m　　　　　　1560 g=（　　）kg

8.06 km=（　　）m　　　　　　8 t 40 kg=（　　）t

⑩在○里填上">""<"或"="。

5 吨 50 千克○ 5.5 吨　　　　　25×100 −1 ○ 25×99

4 千米 56 米○ 4.56 千米　　　18+14×5 ○（14+18）×5

（2）走过台阶后，兜兜与妞妞在半山腰处就要打开石门，但却不是那么容易，提示告诉他们，十把钥匙都隐藏在问题后面，只有判断正确才能拿到石门的写着"5 分"的钥匙。

①有一个角是 60° 的等腰三角形是等边三角形。（　　）

②任何两个三角形都可以拼成一个四边形。　　（　　）

③任意三角形都有三条对称轴。　（　　）

④李文身高 1.3m，他在平均水深 1.1m 的河里游泳可能有危险。

　　（　　）

⑤因为 131+63−37=131+（63−37），所以 131−63+37=131−（63+37）。

　　（　　）

⑥条形统计图能清晰地表示数量的多少。（　　）

⑦ 27÷（3+9）= 27÷3+27÷9。（　　）

⑧大于 0.995 而小于 0.997 的小数只有 0.996。　（　　）

⑨一个三位数除以两位数，商可能是一位数，也可能是两位数。

　　（　　）

⑩小数加减法时小数点要对齐。（　　）

（3）兜兜很是聪明，"5 分"钥匙很快就拿到了，石门打开后，展现在眼前的是 10 个房间，哪个是绿巨人的房间呢？需要挨个在 10 个房间寻找正确答案。

①把 6 缩小到原来的 $\frac{1}{100}$ 是（　　）

A.0.6　　　　　　　B.0.06　　　　　　　C.0.006

②近似值是 7.54 的最大三位小数是（　　）

A.7.539　　　　　　B.7.544　　　　　　C.7.549

③不改变数的大小，"0"可以全部去掉的数是（　　）

A.6.200　　　　　　B.6.020　　　　　　C.6200

④下面可以用乘法分配律进行简便计算的算式是（　　）

A.（125+90）×8　　B.52×25×4　　C.7.6+1.25+2.4

⑤有两个三角形，都是用 4 厘米、5 厘米、6 厘米的小棒摆成的。

关于这两个三角形，下面说法正确的是（　　）

　　A.周长相同，面积不等　　　B.形状不同，周长相等

　　C.形状相同，面积相等

⑥笼子里有若干只鸡和兔，上面看有 40 个头，下面看有 100 只脚。下面说法正确的是（　　）

　　A.笼子里有 10 只兔　　　　　B.笼子里有 10 只鸡

　　C.笼子里有 20 只兔

⑦计算 180÷20-10÷2 的结果是（　　）。

A.9　　　　　　　　B.4　　　　　　　　C.12　　　　　　　　D.8

⑧从前面看下列立体图形，看到的图形是的是（　　）。

A.　　　　　　　　B.　　　　　　　　C.

⑨三角形的一个顶点到对边的（　　）是三角形的高。

　　A.直线　　　　　　B.射线　　　　　　C.线段　　　　　　D.垂直线段

⑩王红练习跑步，上周 5 天中最少的一天跑了 2.5 千米，最多的一天跑了 3 千米，那么王红这 5 天跑的总路程在（　　）。

　　A.8～12 千米之间　　　　　B.12.5～15 千米之间

　　C.15 千米以上

（4）他们终于在第十个房间找到了绿巨人，兜兜邀请绿巨人一起去拯救地球，但绿巨人一言不发，妞妞这才发现，绿巨人正在那里认真地计算着，妞妞看机会来了，马上凑过去帮助绿巨人进行计算。

①直接写出得数。（12 分）

3.7÷100=　　　　4.32×100=　　　1-0.8=　　　　82+18=

125×8=　　　　　16×5=　　　　　39÷13=　　　　170-90=

2.32+3.47=　　　1.4+8.6=　　　　350÷7=　　　　7.67-2.34=

②列竖式计算，带☆的要验算。（6 分）

　　☆ 14.53+5.67=　　　☆ 5.26-1.74=　　　64×138=

③怎样算简便就怎样算。（12分）

1.29+3.7+0.71+6.3　　　　2400÷125÷8

400−（1300÷65+35）　　　23.4−8.54−1.46

（117+43）×（84÷7）　　　19×36−36×9

（5）妞妞帮绿巨人赢得了30分，绿巨人很高兴，答应了兜兜的要求，并告诉兜兜与妞妞，只要画出松树的另一半和等腰三角形的高就能很快回到数学村。

①画出轴对称图形的另一半。

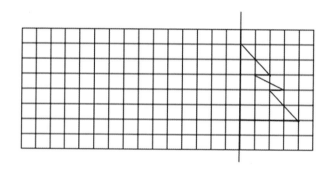

②画等腰三角形，并画出其中一条腰上的高。

（6）兜兜听从绿巨人的主意，很快回到数学村，他们与胖村长商议下一步计划，并决定明天就开始拯救地球的征程。

①他们首先组建两个工程队，并合修一段环村公路，甲队每天修2.82千米，乙队每天修3.18千米，10天后两队之间还剩下3千米没有修。这段公路长多少千米？

②计划开展一次献爱心活动，大人共捐款924元，小孩有132人，平均每人捐款10元，大人、小孩一共捐款多少元？

③兜兜指派吉吉用一辆货车运送饮料，一次可以运送125箱饮料，每箱有24瓶，这辆货车运送8次，可运送多少瓶饮料？

④一双布鞋27.5元，一双皮鞋比一双布鞋贵187.5元，为了奖励吉吉，吉吉妈妈特地给他买了一双皮鞋，付给售货员300元，应找回

多少元钱？

⑤小红、小白、小黄、小兰四位邻居，他们4人的平均身高是132厘米，小青的身高是142厘米，请你帮他们算一算，他们五人的平均身高是多少厘米？

⑥绿巨人闲着没事，用下面6根小棒摆三角形，你能摆出几种三角形？（单位：厘米）这些三角形的边长是多少厘米？（写出三边的长即可，不用画图，不用写算式。）

5. 讲评课

检测试卷的讲评课是各科教学的一种重要课型，其根本目的是纠正错误、分析得失，巩固提高知识，是提高教学质量的重要环节之一。但是，当前的试卷讲评课教学中，教师普遍存在机械地采用逐题对答案、改正错误、就题论题、面面俱到的问题，而学生更多关注的是对了多少、错了多少，或是自己的得分，似懂非懂、爱听不听，整堂课收效甚微。因此，要扭转这种趋势，提高讲评效果，就要改革相对传统的模式，在讲评中贯彻新课程理念，使讲评课堂充满生命活力。

《数学课程标准》指出，一堂好课的标准："一是应整体体现三个方面：真实的学习过程；科学的学习方法；高超的教学艺术。二是应以学生的发展来衡量，要求做到知识与能力同步发展，认知与情感和谐发展。三是应体现建构性、生成性和多元性的统一。四是应该明确地凸显在学习主体——学生的身上，以考查学生在课堂上的学习活动状态为主。"

依据对这四方面的理解，加之参考部分优秀教师在数学检测试卷讲评课研究中的优秀成果，总结出了以"备课——反思——点评——交流——订正——激励"为主线的"六步"式教学新思路，其基本教学程序如下：

（1）备课。

试卷讲评也好，练习讲评也罢，既然是课堂，就要生成教学设计，就要进行备课。因此，做好备课是上好数学讲评课的前提条件，也是必需条件，这就要求教师课前要做好以下两方面的准备工作。

①统计。试卷批改完毕后就要及时统计，主要包括知识点覆盖面的统计，考查层次的统计，成绩统计，错误类型的统计等。其中知识点分布的统计，即包括数与代数、空间与图形、统计与概率、实践与综合运用四大板块的占分比例进行列表统计；知识层次统计，即按认识（了解）、理解、掌握、灵活运用四个逐渐提高的层次统计相应题目的数量和占分比例；成绩统计，包括最高分、最低分、优秀率、及格率和平均分，各分数段的人数及各题的得分率等；错误类型的统计，主要是统计学生出错的类型及人数。试卷讲评，统计先行，虽是一项艰苦复杂的工作，但却必不可少，因为它是讲评课的重要依据，绝对不能只凭主观估计来确定讲评的重点和难点。

②分析。讲评前要针对试卷做好试卷分析工作。首先要分析试卷内容、知识结构和试题答案，这样在讲评时，注意把握尺寸，设计好详讲内容与略讲内容；其次要分析犯错误的原因、做题中存在的问题，从而再分析学生知识和能力的缺陷及做题总存在的问题，以便教师及时采取措施，有的放矢，这样针对性更强。

③原则。讲评课应以表扬为主的原则。充分来运用成绩统计表，点名道姓地表扬成绩提高幅度大的学生，有些学生尽管分数不高，但是进步大提高快，也理应受到表扬。

（2）反思。

没有反思的课堂就是没有灵魂的课堂，那么没有反思的讲评课更是失去了讲评课的意义，变得无方向、无目标，更无反馈后的目标调控。

①学生反思。授课教师上课伊始先要向学生简要介绍测试的基本情况，即最高分是多少，优秀率为多少，及格率为多少，以及各分数段的人数，试卷中存在的主要问题，让学生有一个具体的对比，对比后每个学生进行有针对性的反思。一次考试过后，不同层次的学生均有不同程度的满足和遗憾，让学生反思解题过程（如审题、思路、方法、技巧等）、知识储备（如知识点的记忆，知识之间的区别、联系等）和考场心理，看看哪些题做错了，分析自己答错的原因，是自己粗心答错了还是概念不清答错了，考虑不周答错了还是根本不知道如何解答，并提出容易错的题、不理解的难题。有了这个反思做铺垫，学生就能在接下来的讲评活动中自我调节"接收信号"的强弱，即自己错误的地方要重点听，加强练，自己正确的地方仅仅巩固练习即可。再者，让学生反思自己的成功和不足，并借鉴同学的反思，则对他们进行自我心理调节和学习方法调整有着重要作用。

②教师反思。教师要根据考试情况分析哪里的知识还有漏洞需要在讲评课的时候堵上，哪些学生需要重点指导。

（3）点评。

半节课或十分钟的反思之后，教师就要结合学生"反思"提出的易错题和难题，筛选出如下三类主要问题，有针对性和有侧重点地组织点评，解决难题、寻找错因。

①分析易错题，激发学生的思维，加深印象。

很多易错题往往是很简单的题目，一道简单试题，学生为什么会做错？很多时候是马虎，但详细原因可能有很多种，也很复杂。第一种可能是因为审题，审题如果不仔细，那么思路肯定会发生错误；第二种可能是概念不清，如果在知识点与知识点之间的概念模糊、混淆不清，就会造成思维上的模棱两可，拿不定主意。为了尽可能减少这种现象发生，我想在讲评错题时要预留一定的时间，先让做错题学生讲讲自己是怎样想的、怎样做错的，再让同学帮忙讲一讲怎样想、怎样做才对，这样大家在交流中有所得益，分享别人的解题方法的同时，也改进了自己的解题策略。

②针对典型难题，让学生分析思路和规律。

试卷讲评课绝不能面面俱到，眉毛胡子一把抓。教师在"备课"时就要清楚地了解到学生中普遍存在的最突出、最主要和最想知道的是什么问题，应有针对性和侧重性地在试卷讲评课上进行解疑纠错和查漏补缺。

例如：绿巨人闲着没事，用下面 6 根小棒摆三角形，你能摆出几种三角形？（单位：厘米）这些三角形的边长是多少厘米？（写出三边的长即可，不用画图，不用写算式。）

这道题既是难题又是易错题，说它是难题的原因是对三角形三边关系没有一个清晰的认识，这就造成不知道对题目中的 6 个数据如何进行处理；易错的原因是虽然明白三角形的三边关系，但做题的时候对能摆出几种三角形这个问题考虑不周全，以至于发生遗漏现象。

③加强解题新颖性，让发展思维成为可能。

试卷讲评课涉及的内容虽然都是学生已学过的知识，但是评讲内容绝对不应该是原有知识形式的简单重复，必须有所变化和创新，达到举一反三的目的。要策略性地针对同一知识点多层次、多方位地加以剖析，同时注意对所学的知识进行归纳总结、提炼升华，以崭新的面貌展示给学生。在掌握常规思路和解法的基础上，启发新思路，探索巧解、速解和一题多解，让学生感到内容新颖，学有所思，思有所得；同时讲评时要注意变换讲评的方式，讲评时可以讲解知识点、解题方法和解题技巧等；也可以讲评学生考试时的临场心理和临场发挥；也可以临时更换学生进行思路的分享性讲解等。

④精选专项练习，使知识的巩固落到实处。

学生的测试弱点大多是逆向思维、发散思维欠缺，因此试卷讲评时要精选专项练习。对于学生暴露出来的问题，仅靠教师讲评一遍还是不够的。如果只练不学，就会造成知识欠丰富；如果只学不练，就会造成知识巩固不力。因此，对学生出现问题比较多的题目，还需配备对应的习题，使得学生真正对自己的问题得到反思，并在纠正中得到提高，这样才能训练学生由正向思维向逆向思维、发散思维过渡，提高分析、综合和灵活运用能力。

（4）交流。

讲评课要体现学生的主体性、能动性和教师的主导作用就必须充分让学生自主参与、交流分享，把学习的主动权还给学生。讲评时要积极创造条件，为学生搭建自主探究的舞台，倡导自主、合作和探究的学习方式。绝对不要赶时间，要给学生充分的时间表述自己的思维过程，要给师生、生生之间讨论问题的机会，允许学生对试题"评价"做出"反评价"。

①四人小组，互相评价。讲评仅仅是从大概率进行，但学生出错的原因五花八门，也因人而异，"点评"之中的"漏网之鱼"是绝对存在的，这时让学生提出自己做错的问题，通过小组讨论，自己要能明白出错的原因和解题方法。因为这样做印象会更深刻，不易忘记。改错后，小组成员交流各题的解题方法，分享各自的发现、方法。教师巡查活动，要多一点启发引导，少一点告诉讲解。

②一对一，精准帮扶。在上一个环节后，针对仍然存在不理解自己错题的情况，每个小组里以"好"带"差"的形式一对一活动。学生以己之长，补别人之短，从而使"好"生充满信心，情绪高涨，使"差"生有机会得到"因材施教"，对症下药，彻底解决错题。"好"生还提供模拟训练，围绕着"差"生试卷中所出现的一些问题，再设计一些针对练习与变式练习，以便及时巩固与提高。也算是以点带面，从而整体提高知识水平。

（5）订正。

订正最好的办法就是制作"错题集"。"错题集"的内容有五个方面：一是把错题和错解抄一遍，用红笔把错出圈出，注明错因；二是把正确的解答做在旁边，包括多种方法；三是写好检测的试卷分析，总结本次知识掌握好的、不足的；四是针对不足查找原因，包括思想上的问题，从而制定可行的努力方向；五是学生向教师提出建议，作为与教师沟通的平台，有利于教师改进教学工作和师生的互相了解。

讲评课后必须根据讲评课反馈的情况进行矫正补偿，这是讲评课的延伸，也是保证讲评课教学效果的必要环节。教师应要求学生将答错的题全部用红笔订正在试卷上，并把自己在考试中出现的典型错误的试题收集在"错题集"中。下次考试前，可以重点复习"错题集"，使学生的复习有针对性，避免了机械重复，提高了复习效率。

（6）激励。

考试以后，学生的情感经常表现出强烈的两极性，一场考试后常会引出一些意想不到的结果。首先在试卷讲评时，不可忽视各类学生的心理状态，要用好激励手段。对各种优点的表扬要因人而异，让受表扬者既有动力又有压力，对存在的问题提出善意批评的同时，应包含殷切的期望，使学生都能面对现实，找到自己努力的目标，振作精神，积极地投入到下一阶段学习中去。讲评后可将特别优秀的答卷，加上点评张贴在"学习园地"，供全班同学效仿、借鉴。要让他们也能在赞扬声中获得满足和愉悦。对待后进生，切忌出现"这道题我都讲过好几遍了，你们怎么还不会"等语言，切忌挖苦、训斥、侮辱学生人格，应让学生达到"胜不骄、败不馁"的境界。

其次教师一定要用心地细致批改"错题集"，批语要充分激励学生。对成绩好、进步快的学生提出表扬，鼓励其再接再厉，再创佳绩。对成绩暂时落后的学生要能和他们一起寻找原因，鼓励其克服困难，奋起直追。要善于挖掘他们答卷中的闪光点，肯定其进步。

总之，要以赞扬、肯定为主基调，引导鼓励学生以个人的发展为参照，自己和自己比较，关注自己的努力和进步情况。即使是错误的解法，也要指出其合理成份，并和他们一起研究怎样做就可以修正为正确答案，增强其信心，激发其兴趣，消除其压抑感，增强其成功感。

以上各点不是孤立的，而是紧密联系的、相互补充的。"六步"式的讲评课，要求教师自觉地转变角色，还学生自我发现、自我分析、自我探究的舞台，才能让学生真正回归学习的主体地位。一堂好的试卷讲评课必须具有针对性、实效性，突出重点、以学生为主体，培养学生良好的学习习惯。

附讲评课教学设计：

教学内容：四年级下册数学期末试题

教学目标：

知识与技能：掌握试卷重点出现的知识点并学会拓展；复习和巩固基本技能；进一步让学生理解溶质质量分数的概念及金属活动顺序的应用。

过程与方法：通过讲评、探究提高学生收集、处理信息能力及实际解决问题能力。

情感态度与价值观：通过讲评复习，进一步树立严谨求实、实事求是的科学态度，养成敢于质疑、勇于创新的科学作风。

教学重点：查找存在的问题，培养学生解题技巧及思辩能力。

教学难点：查找存在的问题，培养学生解题技巧及思辩能力。

教学方法：讲解、练习、讨论、案例、启发、探究。

教学过程：

①宣布本次考试班级的整体情况。最高分100分，最低分62分。并公布班级的"九项之最"。

最令老师满意的试卷：

进步最大的：

选择题完成最好的：

计算题完成最好的：

解决问题完成最好的：

填空题完成最好的：

判断题完成最好的：

卷面最整洁的：

最让老师伤心的试卷：

②小组讨论并汇报统计结果（课前完成）。

每个小组统计哪几道题错得最多？

错的原因是什么？

应该怎样正确地理解？

③教师结合小组统计的结果，有针对性地讲解。正确答案（ppt）提供给学生，重点讲评错误较多的题（个别没有详细讲评的，由有疑问的同学当场提出并解答），并对错误类型较多的几道题进行拓展训练（题目见附录）。（　　）内为错误人数，本班共 42 人。

第一大题（填空题）：正确答案（ppt）提供给学生，并就个别题目请出现这种错误的同学讲当时是怎样思考的。

第二大题（判断题）：正确答案（ppt）提供给学生，③④⑦⑨重点评，其他略评。并进行拓展练习。

第三大题（选择题）：正确答案（ppt）提供给学生，并就个别题目请出现这种错误的同学讲当时是怎样思考的。

第四大题（计算题）：正确答案（ppt）提供给学生，找错误原因。

第五大题（操作题）：请一位同学上台板演错误解法过程并点评，提醒注意答题规范。

第六大题（解决问题）：正确答案（ppt）提供给学生，分析题目，找错误原因。

④拓展训练：个别上前展示。

⑤总结：通过本节课你学会了什么？同学们还有哪些不太清楚的？有哪位同学能帮助解决一下？……试卷中同一类型的题目我没有逐一详细讲解，请同学们回去思考，提出有针对性的复习堵漏方法。

6. 活动实践课

数学活动实践课作为一种新的学习内容及方式，对于我们来说是一个陌生的领域。在实践和探索中我逐步认识到，学生的学习不仅是知识的积累，更应在知识应用中强调灵活应用的意识；不仅要让学生主动地获取知识，还要让学生去发现和研究问题；不仅要让学生运用知识解决实际问题，更要在寻求问题解决的过程中激发学生的创新潜能，感悟学习思想和方法。

如人教版小学数学四年级上册 111 页思考题（汉诺塔问题），这本来是一个难度较大的数学倍增问题，是数学编程，要想让小学四年级的孩子理解，最好的办法就是亲自动手参与才能体验到解题的乐趣。

### 西游记外传之解救比丘国国王
#### ——汉诺塔问题

| 教学内容 | 人教版小学数学四年级上册 111 页思考题 | |
|---|---|---|
| 教学目标 | 了解并初步掌握汉诺塔问题的简单规律 | |
| 教学重点 | 会按规定正确移动珠子 | |
| 教学难点 | 能初步总结汉诺塔问题的规律 | |
| 教学过程 | | |
| **童话故事线** | **教材线** | **课堂教学线** |
| 白鹿精被太白金星收回之后不思悔改，还是一心惦记着唐僧肉，因此趁寿星公打盹之际偷偷溜出南天门又来到了比丘国，但这次他摇身一变，变成了国王，真正的国王却被白鹿精关到了一个秘密地方。 | | 一、开门见山导入新课 |

| 童话故事线 | 教材线 | 课堂教学线 |
|---|---|---|
| 为了保险起见，白鹿精还在关押国王的石门上设置了密码：1 号杆依次按从小到大摆放的 3 个珠子，借助 2 号杆把珠子移到 3 号杆而不改变珠子的上下顺序。每次只能移动一个珠子，大珠子不能放在小珠子上面，否则石门将永远不能被打开。 | 你能借助②号杆把①号杆上的珠子移到③号杆而不改变珠子的上下顺序吗？最少移动多少次？<br><br>移动规则是：每次只能移动 1 个珠子；大珠子不能放到小珠子上面。<br>如果①号杆上的有 4 个珠子呢？ | 二、出示问题探索新知。<br>1. 一个珠子移动几次？<br>2. 两个珠子移动几次？ |
| 几天后，唐僧师徒二次西游经过比丘国，并了解了比丘国的真相，悟空搬来太白金星，把白鹿精押回天廷，然后去解救国王。唐僧看到设置的机关后，很快破解了。 | | 3. 三个珠子移动几次？ |
| "那要是 4 个呢？5 个呢？怎么移动珠子？"八戒看到师傅这样轻车熟路就提出了自己的疑问。 | | 三、练习尝试总结规律。<br>1. 四个呢？五个呢？ |
| 听了八戒的质疑，唐僧很快在石门上重新设置了 4 个珠子，并成功地移动给八戒看，然后是 5 个珠子。 | | 2. 有没有规律？<br>这是有规律的，你想想看，有 1 个珠子，移动 1 次；有 2 个珠子，移动 3 次；有 3 个珠子，移动 7 次；有 4 个珠子，移动 15 次；有 5 个珠子，移动 31 次……1、3、7、15、31、63……很显然次数规律就是 2n-1。当圆盘的总数为奇数时，最小的圆盘按 1⇒3⇒2⇒1⇒3⇒2 的顺序移动，当总数为偶数时，按 1=>2=>3=>1=>2=>3 的顺序移动。 |

续表

| 童话故事线 | 教材线 | 课堂教学线 |
| --- | --- | --- |
| 等他们师徒再次到达灵山见到如来后，唐僧如实汇报了在比丘国的经历。"贝拿勒斯（在印度北部）的圣庙里也在发生这样的事。"如来微笑着说，然后让阿傩、迦叶带领他们去观看。 | | |
| | | 四、课堂总结，板书课题。<br>这是古印度的一个数学问题汉诺塔问题（板书课题），原型是 64 个珠子（讲解汉诺塔的故事）。 |
| 在圣庙里，他们惊奇地发现一块黄铜板上插着三根宝石针，印度教的主神梵天在其中一根针上从下到上地穿好了由大到小的 64 片金片。不论白天黑夜，总有一个僧侣在按照下面的法则移动这些金片：一次只移动一片，不管在哪根针上，小片必须在大片上面。 | | |
| "这就是汉诺塔。"迦叶告诉大家，"当所有的金片都从梵天穿好的那根针上移到另外一根针上时，世界就将在一声霹雳中消灭，而梵塔、庙宇和众生也都将同归于尽。" | | 设置悬念：<br>地球会毁灭吗？64 片会移动多少次？实话告诉同学们，18、446、744、073、709、551、615 步，如果是一秒一次的话，那么就是 18、446、744、073、709、551、615 秒。就等于 584942417355.07 年。<br>既然世界不会毁灭，那我们就好好学习吧，用自己的双手和智慧的大脑建设美好地球，下课！ |

注重数学思想方法的渗透和学生数学素养的提高是实践活动的核心任务。数学的思想方法是指比较分析的方法、模型方法、估测方法、推理方法、转化方法、统计方法等。在小学数学教学中，这些数学的思想方法都是通过解决问题而渗透，使学生在不知不觉中受到数学思想和方法的熏陶和感染。在实践活动中，教师应摆脱传统的教学模式的束缚，让学生大胆尝试，要允许学生失败，鼓励学生克服困难，不断探究。数学实践活动能为学生探索知识形成过程、掌握思想方法提供广阔的空间。

## （二）按知识类型分

小学数学教材按照知识类型分为四部分，分别是数与代数、图形与几何、统计与概率、综合与实践，下面谨就教学设计方面做案例说明。

### 1. 数与代数

数与代数包括数的认识，数的表示，数的大小，数的运算，数量的估计；字母表示数，代数式及其运算；方程，不等式，函数，它们都是研究数量关系和变化规律的数学模型，可以帮助人们从数量关系的角度更准确、清晰地认识、描述和把握现实世界。能使学生体会到数学与现实生活的紧密联系，认识到数、符号是刻画现实世界数量关系的重要语言，方程、不等式与函数是现实世界的数学模型，从而认识到数学是解决实际问题和进行交流的重要工具，从中感受到数学的价值，初步学会运用数学的思维方式去观察、分析现实社会，去解决日常生活和其他学科学习中的问题，增强应用意识，培养初步的应用能力。

如人教版五年级数学下册真分数和假分数例 1、例 2 的童话数学课堂。

## 统计员毛毛
### ——真分数、假分数

| 教学内容 | 人教版小学数学五年级下册真分数和假分数。例1、例2及第54页的"做一做"第1题，教材第55页练习十三的第1~3题 |
|---|---|
| 教学目标 | 1.使学生理解真分数和假分数的意义及特征，并能辨别真分数和假分数<br>2.培养学生观察、比较、概括的能力<br>3.培养学生数形结合的数学思想 |
| 教学重点 | 理解真分数和假分数的意义及特征 |
| 教学难点 | 理解真分数和假分数的意义及特征 |

| 教学过程 | | |
|---|---|---|
| 童话故事线 | 教材线 | 课堂教学线 |
| 小虫毛毛住在花园里，他是花园里的统计员，天天统计西葫芦、茄子、还有荷兰豆的长度。 | | |
| 他的测量方法很简单：他每爬一下身体就会蜷成一个圈儿，这就是1厘米。 | | |
| 他从一头开始爬，蜷多少个圈儿就是多少厘米，这可是个很精确的测量方法哦。 | | 一、导课<br>蜷多少个圈儿就是多少厘米，比如蜷5个圈儿就是多少厘米？这些数叫什么数？还能举出更多的这样的数吗？除此之外你还知道哪些数？（分数，小数） |
| 他量过了7厘米的辣椒，8厘米的豌豆，累了就坐在树叶上歇一歇，搂着瓜藤荡秋千；饿了就吃一些鲜嫩的树叶，毛毛饭量很小，有时吃树叶的1/3，有时吃树叶的3/4，有时吃5/6，吃完后还可以躺在树叶上晒太阳，惬意极了。 | 分别涂色表示下面各分数，并说一说把什么作为单位"1"。<br><br>$\frac{1}{3}$　$\frac{3}{4}$　$\frac{5}{6}$<br>这些分数的分数单位分别是多少？它们各有几个相应的分数单位？<br>比较每个分数中分子和分母的大小，再看看这些分数比1大还是比1小。分子比分母小的分数叫做真分数。真分数小于1。 | 二、新授<br>1.真分数的意义。<br>（1）你知道1/3、4/3、5/6的意义吗？<br>（2）用分数表示各图，涂色部分：1/3、4/3、5/6。<br>（3）引导学生观察每个分数的分子和分母的大小。<br>学生指导：1/3、4/3、5/6的分子都比分母小。 |

| 童话故事线 | 教材线 | 课堂教学线 |
|---|---|---|
| | | （4）想一想：这些分数比1大，还是比1小？为什么？（比1小）<br>（5）明确真分数的意义。分子比分母小的分数叫真分数，真分数小于1。（板书）<br>（6）练一练。<br>①下面的分数是不是真分数？<br>1/8、4/9、3/5、13/100、5/1<br>②请你写出三个真分数，并与同桌交流。 |
| 但慢慢地，毛毛的饭量突然大了起来。原来一次能吃1/3片叶子。现在竟然能吃3个1/3，甚至4个1/3，7个1/3，最惊人的是有一次竟然一次吃下11个1/3片叶子，小伙伴们都站在一旁吃惊地看着它。 | 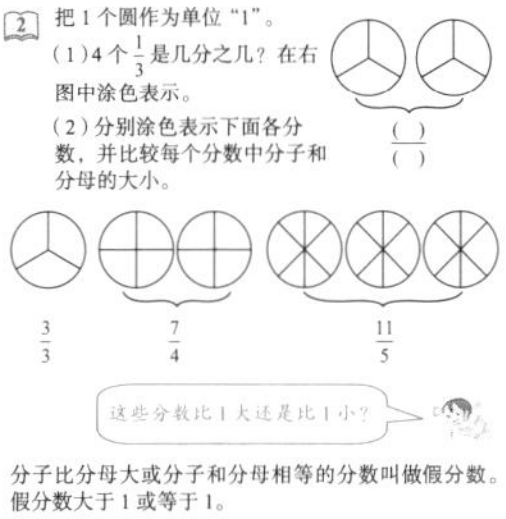 把1个圆作为单位"1"。<br>（1）4个 $\frac{1}{3}$ 是几分之几？在右图中涂色表示。<br>（2）分别涂色表示下面各分数，并比较每个分数中分子和分母的大小。<br><br>$\frac{3}{3}$　$\frac{7}{4}$　$\frac{11}{5}$<br><br>这些分数比1大还是比1小？<br>分子比分母大或分子和分母相等的分数叫做假分数。假分数大于1或等于1。 | 2. 假分数的意义。<br>（1）3个1/3是几分之几？请你画出圆片图表示一下。<br>（2）4个1/3呢？7个1/3呢？11个1/3呢？<br>①分别用分数表示出各图的涂色部分。<br>②同学之间交流，说一说自己的思维过程和最后表示的分数。（3/3、7/3、11/3）<br>③说一说你是怎么想的。<br>（3）引导学生观察每个分数的分子和分母的大小。学生指出：<br>① 3/3的分子和分母相等。<br>② 4/3、7/3、11/3的分子比分母大。<br>（4）想一想：这些分数比1大，还是比1小？为什么？<br>（5）明确假分数的意义。分子比分母大或分子和分母相等的分数叫假分数，假分数都大于1或等于1。（板书） |

| 童话故事线 | 教材线 | 课堂教学线 |
|---|---|---|
| 有一天，又一件不可思议的事情发生了：不管毛毛怎么测量，1、2……差一点就是3，但就是到不了3。 | | |
| 毛毛沉静下来思考该怎么办，最后它决定把自己的身体平均分成几段然后做个记号，当2厘米多出1/2时就用蜷两次，然后往前挪动1/2进行测量…… | 由涂色结果可以看出，$\frac{11}{5}$可以看作是由$\frac{10}{5}$（就是2）和$\frac{1}{5}$合成的数，写作：$2\frac{1}{5}$，读作，二又五分之一。像$2\frac{1}{5}$，$1\frac{3}{4}$，…这样由整数和真分数合成的数叫做带分数。 | 3. 带分数的意义<br>（1）2厘米多出1/2怎么用分数表示呢？怎么写？怎么读？<br>（2）明确带分数的意义。这样由整数和真分数合成的数叫做带分数。（板书）<br>（3）你还能举出一些带分数吗？ |
| 解决了这个困难，毛毛干起活来又来了精神，它再也不用为测量不准而发愁了。 | | |
| 只见它量出了20厘米的西芹，15厘米的玉米，还有8又1/2厘米的芦笋。累了的时候它就坐在西红柿上休息。 | 从例题中可以看出：在些假分数的分子恰好是分母的倍数，它们实际上是整数；有些假分数的分子不是分母的倍数，这样的假分数可以写成带分数。 | （4）练习<br>写出8又1/2这个分数。<br>（5）观察假分数3/3、6/6、11/3，能否给假分数分类？（分子分母倍数关系，可以写成整数；不是倍数关系，可以写成带分数。） |
| 毛毛还会把自己测量的结果记在一条数轴上，比如1/3、3/3、5/3、1/6、5/6、7/6、13/6等。 | 做一做<br>1. 下面的分数中哪些是真分数？哪些是假分数？在直线上表示出来？ $\frac{1}{3}$ $\frac{3}{3}$ $\frac{5}{3}$ $\frac{1}{6}$ $\frac{5}{6}$ $\frac{7}{6}$ $\frac{13}{6}$<br>看一看，表示真分数的点和表示假分数的点，分别在直线的哪一段上。 | 三、巩固练习。<br>1. 课本54页做一做第一题。 |
| 月亮升起来的时候，它会躲在树荫里听邻居们的八卦，有的说："我吃了一个葡萄的5/4。"还有的说："我把一块菜地的3/5种了西红柿，2/5种了茄子，1/5种了辣椒。"还有的说："一块巧克力，我吃了5/6，表哥吃了1/6。"毛毛听了后捂着嘴咯咯直乐。 | 2. 下面的说法对吗？为什么？<br>（1）我吃了1个西瓜的$\frac{4}{5}$。<br>（2）爷爷把一块菜地的$\frac{3}{5}$种了西红柿，$\frac{2}{5}$种了茄子，$\frac{1}{5}$种了辣椒。<br>（3）一块巧克力我吃了$\frac{5}{6}$，表哥吃了$\frac{1}{6}$。 | 2. 课本55页练习十三第二题。 |

| 童话故事线 | 教材线 | 课堂教学线 |
|---|---|---|
| | | 四、课堂总结<br>今天这节课你有什么收获？ |
| 毛毛的生活就这样在快乐与辛苦中度过着，但慢慢毛毛发现自己的身体开始有些出奇的变化，它很害怕，但却弄不懂原因，到底毛毛怎么样了？原来它要蜕变成美丽的蝴蝶，这将是后话。 | | |
| 附板书设计：<br><br>真分数和假分数<br><br>真分数：分子小于分母　　　　小于1<br><br>假分数：分子等于或大于分母　　等于或大于1<br><br>带分数：整数和真分数组合而成 | | |

### 2. 图形与几何

图形与几何的主要内容有空间和平面基本图形的认识，图形的性质、分类和度量；图形的平移、旋转、轴对称；运用坐标描述图形的位置和运动。"图形与几何"教学的核心目标在于发展直观想象素养，培养初步的推理能力，进一步提升数学抽象素养，而运算能力、数学建模是"图形与几何"领域教学的"副产品"。

如人教版五年级下册长方体、正方体表面积例1、例2的童话数学课堂：

## 国王的建筑师
### ——长方体和正方体的表面积

| 教学内容 | 人教版五年级下册长方、体正方体表面积例1、例2 |
|---|---|
| 教学目标 | 1.使学生理解长方体和正方体表面积的含义，在理解的基础掌握长方体表面积的计算方法。<br>2.通过动手操作，合作交流，培养学生的观察能力、概括推理能力，发展学生的空间观念。<br>3.通过自主探究，调动学生学习的积极性，激发学习数学的兴趣，体会数学与生活的密切联系。 |
| 教学重难点 | 重点：建立表面积的概念和长方体表面积的计算方法。<br>难点：找出长方体的长、宽、高和每一个面的长和宽之间的关系。 |

| 教学过程 | | |
|---|---|---|
| **童话故事线** | **教材线** | **课堂教学线** |
| 又到了一年一度的矮人国狂欢节，广场上人山人海，欢呼雀跃声不绝于耳。可谁知，正午时分，突然天气骤变，一阵狂风袭来，万里无云的天空一时间乌云密布，很快，被暴风雨袭击的整个矮人国一片狼藉。 | | 一、复习导入（出示课题，回顾旧知）<br>师：孩子们，上节课我们认识了长方体和正方体，那么，请同学们跟随老师的思路一起来看一下：这是一个长方体，谁能回答一下你观察到的长方体的特征？<br>生：长方体有6个面，8个顶点，12条棱。长方体相对的面完全相同。相交于同一顶点的三条棱分别叫做长方体的长、宽、高。<br>正方体有6个完全相同的面，棱长都相等。 |
| 国王下定决心要建造一座便于移动的房子。他决定掷高金向全国招标，他要选出一位矮人国最优秀的建筑师。 | | |

续表

| 童话故事线 | 教材线 | 课堂教学线 |
|---|---|---|
| 这一天，所有的投标人都被召集到了皇宫。牧师公布了建筑要求，他拿出建筑的房子模型，是一个长方体。已知上面面积 0.35 平方米、下面面积 0.35 平方米、左面面积 0.2 平方米、右面面积 0.2 平方米、前面面积 0.28 平方米、后面面积 0.28 平方米。牧师要求竞标者算出这个模型的表面积。 | 把长方体和正方体的 6 个面分别展开，如下图。 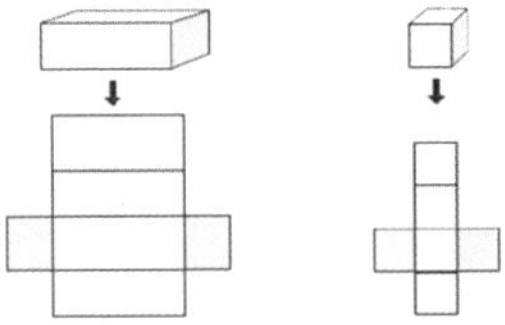<br><br>请在上面的展开图中，分别用"上""下""前""后""左""右"标明 6 个面。<br><br>长方体或正方体 6 个面的总面积，叫做它的**表面积**。 | 师：同学们请仔细观察你展开的长方体或正方体，观察后，有什么想说的？<br>生：围成长方体的是 6 个长方形，长方体的表面积就是展开后 6 个面的总面积，正方体也一样。<br>师归纳后板书：长方体或正方体 6 个面的总面积，叫做它的表面积。<br>师：那么，这节课我们就一起来研究探讨一下长方体和正方体的表面积。（同时板书课题：长方体和正方体的表面积）<br>师：谁能用数学语言来提炼有用的信息？我们现在已知什么要求什么？<br>像这样能否用一个公式来表示出表面积呢？<br>（板书：$S_表=S_上+S_下+S_左+S_右+S_前+S_后$） |
| 牧师眼珠一转，又改变了竞标要求：长方体前面的面积是 5 平方米，上面的面积是 3 平方米和左面的面积是 2 平方米，那么，如果建造这个长方体模型需要多少平方米纸板呢？竞标者知难而进，纷纷作答。 | 观察长方体展开图，回答下面的问题。<br>（1）哪些面的面积相等？ | 师：同学们，从牧师的题目中你又得知了什么信息？<br>生：已知长方体前面的面积，上面的面积和左面的面积，求长方体的表面积。<br>板书：$S_表=(S_上+S_前+S_左)×2$ |
| 牧师再一次提高竞标难度：有一个长方体模型，长为 7 米，宽为 2 米，高为 1 米，如果要做这样一个长方体模型，至少需要多少平方米的纸板。 | 做一个微波炉的包装箱，至少要多少平方米的硬纸板？ 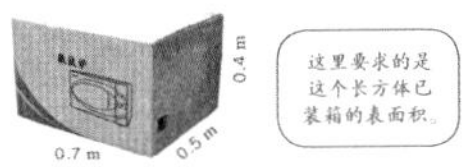<br><br>上、下每个面，长____，宽____，面积是____；<br>前、后每个面，长____，宽____，面积是____；<br>左、右每个面，长____，宽____，面积是____。<br>表面积是____ | 师：牧师又增加难度了，只给了长方体的长宽高，我们又该如何来做这个长方体模型，至少需要多少平方米的硬纸板呢？<br>板书：$S_表=(长×宽+长×高+宽×高)×2$ |

| 童话故事线 | 教材线 | 课堂教学线 |
| --- | --- | --- |
| 被淘汰的人面面相觑，不禁感叹"书到用时方恨少"啊。 | | |
| 最后，剩下两名竞标者，这两名要由国王来决定到底谁去谁留。大臣们都翘首以盼，看最后这位"幸运儿"会是谁呢？只听国王说道：把这个长方体的长缩短到4米，把宽增加，变成一个正方体，那么要制作一个这样的模型，需要多少纸板。 | ② 一个正方体墨水盒，棱长为6.5cm。制作这个墨水盒至少需要多少平方厘米的硬纸板？ <br><br>求至少用多少平方厘米的硬纸板，就是要求什么？自己试一试？ | 我们来继续读故事：现在把这个长方体的长缩短，缩短到4米，宽加长，此时此刻，长方体的长、宽、高怎么样了？<br>生：相等了。长方体变成正方体了。<br>师：变成正方体的话，我们怎么求它的表面积呢？<br>生：正方体六个面完全相同，所以我们只需要求出一个面的面积再乘6就可以了。<br>师：一个面的面积怎么求？<br>生：边长×边长。<br>师：在正方体中，我们说，棱长×棱长。所以，正方体的表面积 S表＝棱长×棱长×6（同时板书） |
| 最终还是由其中一位竞标者因为反应迅速而竞标成功。 | | |
| 现在已经开始施工建筑房子了，准备建筑一个长10米，宽8米，高2米的长方体房屋。 | 做一做<br>亮亮家要给一个长0.75m、宽0.5m、高1.6m的简易衣柜换布罩（如右图，没有底面）。至少需要用布多少平方米？ 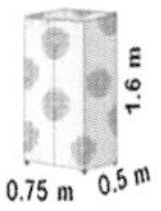<br>1.6 m<br>0.75 m  0.5 m | 师：好了孩子们，现在这个建筑师已经开始施工建房子了，你能用你喜欢的方式帮建筑师算出来这个房子的表面积吗。 |
| 但国王又提了一个要求，要在房子的四周及屋顶进行粉刷（门窗共20平方米不需要粉刷）。建筑师说："可以，但粉刷费用需要额外支付，一平方米3元钱。" | 做一做练习 | 师：如果要在四面和屋顶进行粉刷，那么，我们是求几个面的表面积？门窗还用粉刷吗？国王需要额外支付给建筑师多少钱呢。 |
| | | 师生总结 |

续表

| 童话故事线 | 教材线 | 课堂教学线 |
|---|---|---|
| 建筑师完成了国王交给的各项建筑任务，国王很是赞赏，授予建筑师"矮人国最优秀建筑师"荣誉称号。 | | |
| 附板书设计：<br>长方体、正方体的表面积<br>已知　　　　　　　　求 $S_表$<br>六个面　　　　　　　$S_表=S_上+S_下+S_左+S_右+S_前+S_后$<br>三个面（前、上、左）$S_表=(S_上+S_前+S_左)\times2$<br>长宽高　　　　　　　$S_表=(长\times宽+长\times高+宽\times高)\times2$<br>棱长　　　　　　　　$S_表=棱长\times棱长\times6$ | | |

总之，数学学科核心素养是学生亲身经历数学化活动之后所积淀和升华的产物。学生只有亲身经历数学化活动，积淀数学抽象、推理和直观想象的直接经验，才能逐步养成运用几何的思维方式主动思考问题、分析解决问题的习惯，才能真正形成具有几何特征的数学学科核心素养。

3. 统计与概率

统计与概率主要研究现实生活中的数据和客观世界中的随机现象，它通过对数据收集、描述和分析以及对事件发生可能性的刻画，来帮助人们作出合理的推断和预测。《数学课程标准》中的统计与概率作为义务教育阶段数学课程的四个学习领域之一，从小学第一册起就安排了相关学习的内容，并对各学段的内容标准作了具体的说明和阐述。

主要内容有比较分类、象形统计图与统计表的认识；1格表示1个单位的条形统计图，1格表示多个单位的统计图；简单的折线统计图、扇形统计图、复式统计图；平均数；用"一定、不可能、可能、经常、偶尔、不可能"等描述事件发生的可能性；列出简单事件所有可能发生的结果；游戏规则公平、用分数表示可能性的大小；按指定的可能性大小设计方案。

如人教版五年级上册《可能性》的童话数学课堂设计：

## 数学村保卫战
### ——可能性

| 教学内容 | 人教版五年级上册 44 页例 1 |
|---|---|
| 教学目标 | 1. 知道有些现象或事件的发生是确定的，有些是不确定的，能用"一定"、"可能"、"不可能"等词语对事件进行定性描述，初步体会简单随机现象发生的可能性是有大小的，能正确判断简单随机现象发生可能性的大小。<br>2. 通过观察、操作、比较、分析、交流等活动感受数据的随机性，发展数据意识。<br>在学习活动中获得成功体验，感受与他人合作交流的乐趣，体会数学与生活的联系，激发学习兴趣，激活数学思考。 |
| 教学重点 | 能对事件发生的可能性进行定性描述，初步感受简单随机现象的特点，体会事件发生的可能性有大小。 |
| 教学难点 | 感受简单随机现象的特点，能列出简单随机现象中所有可能发生的结果。 |

| 教学过程 | | |
|---|---|---|
| 童话故事线 | 教材线 | 课堂教学线 |
| 数学村有时候也有外来的骚扰与侵略。 | | 一、情境导入 |
| 有一天，胖村长听花婆婆告知一支狐狸王的军队正朝着数学村的方向进发，胖村长赶紧招集村民商议对策。 | | 二、探究新知 |
| 胖村长指着地图说，从外部到数学村共有三条路，分别是红花谷、白花谷和黄花谷，我们要先确定他们要走那条路，然后在路旁进行埋伏，打他们个措手不及。丁丁建议抽签确定。 | 可能是唱歌也可能是朗诵 | 1. 通过趣味抽签游戏，抽出后放回，初步感知"可能性"<br>（1）猜想<br>同学们猜一下，丁丁会抽到哪条路线？<br>（预设：可能是红花谷、可能是白花谷，也可能是黄花谷；3 种情况都有可能。）<br>能确定吗？<br>（2）验证<br>我们的猜测是否正确呢？我们一起来验证一下。（学生组内进行抽节目签活动。每次抽出来后，再放回去，打乱顺序再抽。） |

| | | |
|---|---|---|
| | | 学生汇报验证结果：三种签都会有人能抽到。<br>（3）总结：当结果不确定时，可以用"可能"来表达。（板书：可能） |
| "后来这支军队分了4支小队。其中一支是机器人部队。"花婆婆说，"我还听说狐狸王很迷信，以为白色不吉利，肯定不走白花谷。" | 不可能 | 2. 初步感知"不可能"，明确事件的确定性<br>排除了白花谷，还剩下两张签，它们分别是什么？<br>如果让你在这两张中接着抽能确定抽到哪张吗？可能会抽到什么？<br>那老师反着问，不可能抽到什么？能确定吗？<br>总结：当确定结果肯定不会出现时，可以用"不可能"来表达。<br>（板书：不可能） |
| "机器人怕水，过不了黄花谷里的河，也不会走黄花谷。"丁丁分析说，"那我知道他们走哪条路了！" | 一定 | 3. 初步感知"一定"，明确事件的确定性<br>通过寻找信息，又排除了哪一张签？<br>现在只剩最后一张了，同学们会抽到什么呢？能确定吗？为什么？<br>总结：当确定结果肯定会出现时，可以用"一定"来表达。（板书：一定） |
| | | 开始的时候，事件的结果是不确定的，通过寻找信息，排除所有"不可能"的情况，"可能"就变为了"一定"。 |
| 胖村长率领数学村的村民们在红花谷刚埋伏好，就发现了那支军队。前后左右四支大军，怎么没看到狐狸王呢？（右侧是机器人军团） | | 三、巩固练习<br>丰富对确定性和不确定性的体验<br>狐狸王到底藏在哪支队伍里呢？（前、后、左、右，都有可能）<br><br>可能　排除不可能　一定 |

| | | |
|---|---|---|
| 望着整齐行进的狐狸军队，丁丁不由得想起以前狐狸曾说过的狐狸军队的军规来。<br>第一条：勇敢的狐狸王不能走在队伍后面。<br>第二条：为避免危险，狐狸王不能走在队伍的最前面。<br>第三条：狐狸王不能和不通人性的机器人在一起。<br>…… | | 逐项排除 |
| 聪明的丁丁很快发现了狐狸王的藏身处，他命令大家向狐狸王的位置猛攻，一下子把狐狸的军队冲散了。狐狸王还没明白怎么回事儿呢就成了俘虏了。 | | |
| 狐狸王被押回数学村审讯。丁丁看到被抓住的狐狸王非常的高兴，但是该怎么处置他呢？<br>还是抽签决定吧！ | | 四、深化拓展<br>可能出现几种情况？ |
| 由于奇奇对经常侵略骚扰数学村的狐狸王恨之入骨，偷偷地将箱子里的两支签都写成了"死"。<br>丁丁不想狐狸王被处死，这样狐狸家族对数学村的仇恨就永远解不开了，他想出了一个对策，偷偷告诉了狐狸王。 | | 丁丁告诉狐狸王什么对策？ |
| 狐狸王按照丁丁的对策，成功的获得释放。临行前他拉着胖村长、丁丁的手惭愧地说："我回去一定休兵罢战，永远不再侵犯数学村！" | | 五、课堂小结。<br>今天，老师与同学们一起研究了什么内容？（完善课题：可能性。）老师感到很开心，你的心情怎样，又有什么收获呢？ |

续表

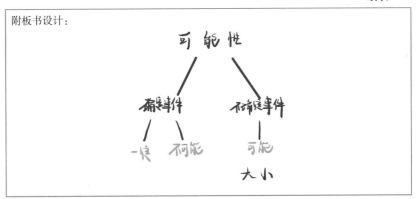

附板书设计：

使学生从小开始学习"统计与概率"知识，掌握统计与概率的思想方法，具有统计与概率的意识显得十分必要。《数学课程标准》把统计与概率作为小学数学课程中一个领域独立列出，既是时代和社会发展的需要，更是生活的需要。

4. 综合与实践

综合与实践，作为一种新的教学形式，无疑使小学数学的课堂如沐春风，让数学课堂教学更具有趣味性、思考性和操作性。在教学中，用童话故事作为红线，建立生活化的课堂情境，使学生由熟悉的事物切入，积极调动自己的思维，采取自主合作探究的方式，来解决自己生活中具有一定综合性的数学问题，使学生突破自己的思维，优化提升学生的创新能力。

如人教版五年级数学下册 102、103 页综合实践活动《打电话》的童话数学课堂的教学设计：

## 冰川时代总动员
### ——打电话

| 教学内容 | 人教版五年级数学下册102、103页综合实践活动《打电话》 |
|---|---|
| 教学目标 | 1.通过对"打电话"（综合应用）的探究，初步感受运筹思想以及对策论方法在解决实际问题中的应用。<br>2.体验数学与生活的密切联系，学习在问题情境中应用优化思想解决问题。<br>3.指导学生用画图、表格等方式发现事物隐含的规律，培养学生的归纳推理和解决简单实际问题的能力。 |
| 教学重点 | 探究"打电话"省时的最优方案 |
| 教学难点 | 通过图表的方式发现"打电话"隐含的规律 |

| 教学过程 | | |
|---|---|---|
| 童话故事线 | 教材线 | 课堂教学线 |
| | | 一、谈话导入<br>同学们还记得以前学过的烧水问题与烙饼问题吗？这些都是如何进行时间优化，今天我们再来认识一个优化时间的问题——打电话。（板书）<br>在打电话时怎样才能更省时间？看了下面的故事你就明白了。 |
| 森林王国里的夜晚虽然到处都是白花花的冰，但还算美好。一切都像是在沉睡的样子。猛犸象睡得很香，呼呼的鼾声传得很远。 | | |
| 但，不一会儿猛犸象却被冻醒，而且越来越冷。"这倒霉的冰川时代。"猛犸象自言自语，"我要尽快通知松鼠、麋鹿与剑齿虎赶紧离开这里。" | | 二、新知传授<br>1.现在有个问题需要解决，如果你是猛犸象，你会怎么做？（打电话、发短信、上门通知、发邮件、QQ……）<br>（老师逐渐引导学生得出最方便、快捷以及能确保对方收到的方式就是——打电话。）<br>师：为了更好地研究这个问题，假设每一次通话要一分钟，每个学生都能第一时间接到电话。请帮助老师设计一个打电话的方案。<br>教学预设：学生可能出现以下两种情况 |

续表

| 童话故事线 | 教材线 | 课堂教学线 |
|---|---|---|
| | | 方案一：分别打电话通知，用时 3 分钟。课件展示：<br><br>　　　　①↗ 松鼠<br>猛犸象　②→ 麋鹿<br>　　　　③↘ 剑齿虎<br><br>方案二：猛犸象打给松鼠，松鼠打给麋鹿，麋鹿打给剑齿虎，用时 3 分钟。<br>课件展示：<br>　　　　①　　②　　③<br>猛犸象→松鼠→麋鹿→剑齿虎 |
| 但后来它改变了主意，它决定在第 1 分钟打电话通知松鼠，然后在第 2 分钟与松鼠一块打电话分别通知麋鹿与剑齿虎。 | | 2. 你能像上面那样画出猛犸象的这个方案吗？这个方案用了几分钟？<br>　　　　　　　②<br>　　①↗ 松鼠 →剑齿虎<br>猛犸象②→麋鹿<br><br>师：比一比，哪个方案用时少？怎样打电话最省时间？<br>小结：在这个方案中，猛犸象和松鼠在第二分钟同时打出一个电话，也就是掌握电话内容的人不空闲，这样的方案是最省时间的。 |
| 就这样，它们四个结伴出发了，行走在路上，看着四周白花花的冰块，大家都很迷茫，谁也不知道今后的路在何方，还能生存多久。 | | |
| "我们应该通知北美巨熊、智人、树懒、袋狮，一块作伴。"松鼠说。 | | 3. 通知 7 个的时候（猛犸象除外）最少要几分钟？<br>请你仿照刚才的图示，画出打电话的示意图。<br>提示：■表示猛犸象，○△□表示要通知的动物，线上的数字表示第几分钟。<br>师生一起探讨倍增规律，以下为教学预设：<br>师：在第 1 分钟，猛犸象打出了一个电话，这时接到通知的动物有几个（1 个），知道通知的总数是几个？（2 人）  |

1

续表

| 童话故事线 | 教材线 | 课堂教学线 |
|---|---|---|
|  |  | 师：在第2分钟，知道通知的2人（1个■和1个○）同时打出一个电话，这时新接到通知的有几个？（2个）知道通知的总人数是几人？（4个）<br><br><br><br>师：在第3分钟，知道通知的4人（1个■和3个动物）同时打出一个电话，这时新接到通知的有几个？（4个）知道通知的总数是几个？（8个）<br><br><br><br>小结：按照"谁都不空闲"的原则，3分钟通知7人。 |
| "我建议还是有16个、32个、50个乃至更多的同类参加到我们的这次行动，尽快找到我们的幸福之路。"剑齿虎建议说。 |  | 4. 16个、32个、50个同伴的话又需要几分钟？在谁都不空闲的情况下，你发现了什么规律？<br>师生共同总结规律。<br>完成表格：与2有缘 |

| 第几分钟 | 1 | 2 | 3 | 4 | 5 | 6 | 7 | 8 | 9 | 10 | .. |
|---|---|---|---|---|---|---|---|---|---|---|---|
| 新接到通知的人数 | 1 | 2 | 4 | 8 | 16 | 32 |  |  |  |  |  |
| 知道通知的总人数 | 2 | 4 | 8 | 16 | 32 | 64 |  |  |  |  |  |
| 与2有缘 | $2^1$ | $2^2$ | $2^3$ | $2^4$ | $2^5$ | $2^6$ |  |  |  |  |  |

电话歌：
电话问题应分组，关键要把2来数；
几分钟，几个2，相乘的积含首数。

| 童话故事线 | 教材线 | 课堂教学线 |
|---|---|---|
| 大家都很赞同剑齿虎的建议，就这样，越来越多的动物加入到它们的冰川总动员行动中。 |  |  |

| 童话故事线 | 教材线 | 课堂教学线 |
|---|---|---|
| 正行走间，前面一条冰河拦住去路，并且冰河水位上升很快，就见岸边有棵奇怪的树，原来只有一个树枝，第一秒长出一个树枝，第二秒每个树枝分别长出一个新枝，第三秒每个树枝又分别长出一个新枝…… | | 三、巩固练习<br>1.照这样计算，第5秒这棵树上一共有多少个树枝？ |
| 但树枝生长的速度仍然超不过冰河上涨的速度，那棵奇怪的树很快也被淹没了，猛犸象它们被冰河逼得连连后退。 | | |
| "这下完了，我们该怎么办？"小松鼠吓得脸色蜡黄。"别急，我这里有张足够大的纸，大家连续对折25次，然后顺着爬到冰山顶端。"麋鹿不知从哪里弄来一张很大很大的纸。 | | 2.有张足够大的纸，大家连续对折25次，猜猜有多高？（有人说超过南岳衡山的高度，你信吗）？ |
| | | 四、总结<br>今天我们学习了什么内容？ |
| 最后经过大家相互帮助终于爬到了冰山的顶部，但低头看看那湍流不息的冰河，抬头看看一望无际的冰山，个个都忧心忡忡。 | | |

附板书设计：

打电话

| 第几分钟 | 1 | 2 | 3 | 4 | 5 | 6 | 7 | 8 | 9 | 10 | .. |
|---|---|---|---|---|---|---|---|---|---|---|---|
| 新接到通知的人数 | 1 | 2 | 4 | 8 | 16 | 32 | | | | | |
| 知道通知的总人数 | 2 | 4 | 8 | 16 | 32 | 64 | | | | | |
| 与 2 有缘 | $2^1$ | $2^2$ | $2^3$ | $2^4$ | $2^5$ | $2^6$ | | | | | |

教育家皮亚杰说："智慧自动作发端，活动是连接主客体的桥梁。"把活动原则落实于教学过程，就应该让学生在实践活动中去探索发现。而动手实践是最易于激发儿童思维和想象的一种活动，在这个过程中，学生的求知欲和探索精神一旦被激发，其思维就会有创新的火花闪动。

总之，以童话的感性来装点或中和数学的理性应该是成功的，能让学生们从心底热爱数学，愿意学习数学。这样的教学研究虽然取得了一定成绩，但也仅仅是在众多教学实践中的一种方法的尝试与探索，更不能作为包打天下的教学手段，更需要在培养学生兴趣、提高学生数学素养方面不断地推陈出新，只有这样才能最大限度地让我们的基础教育阶段的孩子们幸福！

## 附：社会评价

这一研究模式得到了专家与社会各界的一致好评，并已经用这一模式到全国各地进行观摩教学。

教育部柳夕浪研究员：

朱良才老师的童话课堂模式寓教于乐，既注重了阅读又注重了学科素养的培养，不失为一条打造孩子童年幸福的教学之路，以他的研究历程，肯定会在提高学生数学素养方面不断地推陈出新，只有这样才能最大限度地让我们的基础教育阶段的孩子们幸福！

北京师范大学中国教育政策研究院执行院长：

朱良才的童话课堂既解决了生活中的数学问题，又蕴含了对数学认知规律的认识，他的实践探索无疑是成功的，我们要在他成功的实践研究中看透那些背后隐藏的内涵，即如何把数学直观与数学猜想有机结合？如何处理好形象的感悟与数学抽象之间的关系？

天津教科院基础教育研究所陈雨亭所长：

认识朱良才好多年了，一开始认识他的时候他是在研究童谣教学，没想到这么多年过去了，他竟然又走出了一条童话教学之路，实在感觉他每时每刻都在做着一种有意义的事情，一节数学课就是一节童话剧，欣赏的同时更感觉眼前一亮，长期以往这样教数学，学生不喜欢数学都难。

南京师范大学吴永军教授：

朱良才作为一个农村出身的教师，并创作出一套自己的童话教学模式，并有自创的三线式教学设计，让我突然想起一句话，那就是高手在民间呀！童话数学教学寓教于乐，不失为一种提高数学学习兴趣、提高数学阅读能力、提高数学素养的有效办法。

山东师范大学徐继存教授：

童话数学课堂教学是以兴趣为出发点的教学模式，学生不但在课堂中学习数学知识，感受数学故事情景，而且还能自创童话数学故事，这里已经不是仅仅局限于数学素养的培养，语文素养也得到了相应提高，建议继续加深研究，站在理论的高度进行实践探索。

04

第四章————————

**童话数学思想**

20 年前我把数学知识点编成了"童谣"的形式便于学生学习和记忆，但随着社会的进步，仅仅是数学歌谣是不能做到探究能力的培养的，因此 15 年前我开始尝试融入歌谣的数学实验的"童趣"模式的教学探索，但仍感觉学生的兴趣没有最大限度提高，因此我提出了童话数学教学模式。我发现我的研究就是一条往纵深发展的教学线，即童谣——实验——童话，于是，我大胆提出自己的教学思想——我们的学生本姓"童"。

## 一 全课程思想

其实在我的全课程思想中，也是基于童话故事进行的全课程研究，这样就能使知识更加趣味化。

### （一）思想陈述

全课程是一个新生事物，课程的实施目的是使学生心中有一个综合的知识背景与知识体系，并以此提高学生综合分析问题和解决问题的能力。以语文为主线的全学科课程在全国很多学校都如火如荼地实施着，这种全课程的实施是以融入文科学科课程为主，比如品德、音乐、美术等，但数学是一个理科课程，如果与语文、品德等文科课程融合成全课程，相对来说比较困难。那么，如何才能做到把小学数学课程内容有机融入全课程中去呢？笔者就近几年的实践经历谈谈自己的一些做法。

1. 大胆吸收成功的全课程实施案例

2012 年，我作为齐鲁名师工程人选参加了澳大利亚的学习培训，在那里令我感受最深的就是在玫瑰园小学听到的一节跨学科课程。

上课的是一位 50 岁左右的女教师，整节课围绕预习作业中的一个土著文化博物馆而展开。

在课堂上，她首先为学生讲解了 15 分钟左右的关于土著文化的相关知识，然后展开地图让学生查找这个博物馆附近的河流，并说说这条河流的发源地，以及河流流经区域的地理环境与气候，大约用了 20 分钟左右。

最后，这位教师指着地图右下角的符号问学生："这是什么？"学生回答："比例尺。""如果已知从堪培拉到墨尔本的实际距离与比例尺，你能求出图上对应的距离吗？关于这个知识，你还能提出相关问题吗？"教师追问。这一环节大概用了 20 分钟。

听了这节课后，我就在自己的学校小范围内实施了一个研究项目——小学数学跨学科发问式主题研究。

这一研究的主要方式就是在小学阶段所有学科都采用相同的发问主题，并且发问主题随着年级的升高呈现螺旋上升的趋势。

比如，下面是关于"我们是谁"的发问主题。

一年级研究的发问主题：幸福的本来面目是什么？是什么影响我们的幸福？如何选择我们的幸福？如何让自己保持安全？如何识别并使用个人网络？

二年级研究的发问主题：如何让自己保持安全？如何发展和实施计划以保证安全？如何识别并使用个人网络？

......

六年级研究的发问主题：人们迁居的原因是什么？你周围历史上的移民变化怎么样？如何寻根？

2. 大胆改进全课程的构建模式

在课程的实施过程中，这样的模式还存在着很明显的学科界限，就像之前的澳大利亚课程，让人很快就能感觉到是历史、地理、数学三门学科整合在一起，名义上是一种跨学科课程，其实还是将三个学科的知识在 50 分钟内教完而已，没有真正体现知识的整体性。我认为，全学科课程应该是多学科的无痕呈现，这样才是真正全学科课程的课程艺术。

鉴于这个思路，我又重新整合了之前设计的课程，即以童话故事为主线，随机融合语文、数学、科学等学科内容。

比如，《童话全课程》"第三十二回"《笨笨猫月下散步 欢欢兔暗中识图》。

> 话说笨笨猫吃完晚饭，感觉睡觉还早，就邀请欢欢兔一起去沙滩散步。
>
> 月光下的沙滩真美呀！晚上的大海显得有些不安静，浪花一个接一个地拍打着堤岸，哗啦啦，哗啦啦……
>
> 笨笨猫与欢欢兔在金色的沙滩上尽情玩耍着、嬉戏着，他们的笑声传得很远很远。
>
> 突然，笨笨猫发出"哎呀"一声。
>
> 欢欢兔立马警惕起来，问："怎么了？"
>
> "你看，这些脚印很奇怪呀，有的长长的，有的方方的，有的尖尖的，有的歪歪的。"笨笨猫回答。
>
>
>
> 欢欢兔借着月光仔细观看这些脚印。

"这到底是什么留下的脚印呢？"笨笨猫与欢欢兔不由自主看了看四周，除了他俩只有海浪的声音。

"难道是传说中的怪兽？"欢欢兔想到这里不由自主害怕起来。

"不要怕，我们就顺着脚印追，看看到底是什么怪物。"还是笨笨猫有胆量。

他们俩就这样顺着脚印追了很长时间，突然听到前面有说话的声音。

走近仔细一看，哦，原来是长方体、正方体、圆柱体、三棱体。

他们忽然明白了，原来这些奇怪的脚印是他们留在沙滩上的呀！

只听他们手拉手一起唱了起来：

长方体的脚印长又长——长方形；

正方体的脚印方又方——正方形；

圆柱体的脚印圆又圆——圆形；

三棱体的脚印尖又尖——三角形。

笨笨猫还有一点疑惑，问："那歪歪的脚印是谁的呢？"

长方体、正方体、圆柱体、三棱体一听，齐声大笑起来，齐声说："你猜猜看。"

歪歪的脚印到底是谁留下来的呢？且听下回分解。

3. 进一步拓展全课程的实施模式

在童话全课程实施过程中，我仍然感觉到整个故事中还是过分强调知识而忽视了故事情节。

怎么才能做到让学生在阅读、欣赏童话故事的同时学习各个学科的知识呢？

经过研究，我又重新设计了另一种《童话全课程》的课程方案。（注：哎呦是这个童话故事的主人公。）

---

### 小蚂蚁遇险

哎呦和小白兔、小狮子在山脚下游览了美丽的山村景色之后，又走了一段山路来到了另一座山上。

走到半山腰时，它们听到不远处传来呼喊"救命"的声音，它们赶紧顺着呼喊的声音赶过去。

原来是只小蚂蚁被一面蜘蛛网挂住了，越是挣扎越是逃不掉，不远处有个蜘蛛正等着小蚂蚁累了之后准备吃掉它。

"别怕，我们来救你。"小白兔安慰小蚂蚁。

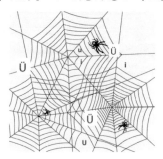

"快看，那上面有（ ）个 i，（ ）个 u，（ ）个 ü 这三个单韵母，i 的个数大于（大于号 '>'）u 的个数，ü 的个数小于（小于号 '<'）u 的个数，必须把这些单韵母的连接处剪断才能破坏蜘蛛网，救出小蚂蚁。"小狮子仔细看了看蜘蛛网说。

哎呦听了后，一下子飞起来，按照小狮子说的剪断了蜘蛛网的韵母连接处。

看到哎呦这样神勇，蜘蛛吓得赶紧溜掉了。小蚂蚁得救了。

---

> 这时小白兔、小狮子都用奇异的目光看着哎呦，因为它们才知道：哎呦居！然！会！飞！

全课程的研究目前还需要不断完善、不断丰富，但它的最终结果肯定是充满魅力的，让我们一起期待、一起努力吧——为了我们的教育，为了我们的孩子！

## （二）课题研究

关于全课程（跨学科）的思想研究，2013年我们呈报山东省规划办课题，成功立项，并于2015年顺利结题。

就目前的课堂教学来看，课堂发问效果不好，课堂发问效率属于低效状态，发问策略性不理想，发问主题还处于游离状态，可持续性不强，没有一个清晰的研究主线。

发问式跨学科课程研究以问题为主线，每个年级研究六大主题，围绕研究主题设计分支主题与中心思想，然后顺承中心思想设计发问主线。研究内容设计语文、数学、音乐、美术、自然科学、社会科学、人文等诸多方面。

具体到年级包括：一到六年级主题式发问研究。

通过本课题的研究，探索和总结出一套适应新课改的小学发问式跨学科课程的教学模式，以指导学校的整个教学工作。

通过本课题的研究，使学生获得自主探究、合作交流、积极思考的机会，促进创新精神和实践能力的培养。

通过本课题的研究，使学生知道我们的知识来源于生活与自然界，并能应用于生活，促进学生的全面发展、主动发展和个性发展。

通过本课题研究，使课堂发问主题明晰化、内容系统化。

通过本课题的研究，促使广大教师切实转变教育教学观念，深化教学改革，在科研和教改的过程中提高自身的业务素质、教学水平和理论水平；打造科研型教师队伍，帮助教师在"同伴互动"和"专业引领"中，获得专业发展和支持，进一步形成既有研究热情，又有研究方向的氛围；推动学校的教学研究工作走向科学发展、特色发展、可持续发展的科研轨道。

例如四、五年级 A 系列发问单元计划：

主题转换器

| 上学期 1—5周 如何认识我们所处的时间与地点？ | 下学期 1—5周 我们怎样组织我们自己？ | 上学期 6—10周 我们如何表达我们自己？ | 下学期 6—10周 分享行星 | 上学期 11—15周 世界上的事情是如何发展的？ | 下学期 11—15周 我们是谁？ |
|---|---|---|---|---|---|

中心思想

| 我们的世界在探究中改变着 | 技术的改变冲击着群体活动路线 | 如何重视文化遗产 | 江河是我们的一个最精美的资源 | 了解空气的性质使得人们作出实际应用 | 生活在一起的有效途径——和平解决冲突的要求 |
|---|---|---|---|---|---|

进入发问

| 1. 人们探索的原因 2. 不同类型的勘探 3. 多元文化的影响及本土探索 | 1. 技术进步作为一名车手的变化 2. 比较和对比不同技术的使用 3. 依靠有效的社区提供货物和服务 | 1. 多样的文化遗产 2. 文化遗产的意义 3. 识别重视文化遗产 | 1. 一条河流系统的复杂性 2. 河流系统的重要性 3. 人们如何使用和管理这条河 4. 一个地区微妙的生态平衡系统 | 1. 空气存在的证据 2. 空气能做什么和我们如何使用它 3. 空气之间的关系和声音 | 1. 人们认为有不同感觉的原因 2. 冲突的原因 3. 从不同角度欣赏别人 4. 差异可以解决吗 |
|---|---|---|---|---|---|

思想观念

| 改变 观点 思考 | 因果 改变 连接 | 方式 连接 观点 责任 | 责任 连接 因果 | 功能 方式 改变 因果 | 观点 关怀 因果 |
|---|---|---|---|---|---|

学习档案

| 风险者<br>查询者<br>沟通 | 知识渊博<br>查询<br>思想家 | 豁达<br>平衡<br>反射 | 沟通<br>知识渊博<br>原则 | 思想家<br>查询<br>反射 | 豁达<br>关怀<br>原则 |
|---|---|---|---|---|---|

陈述思想

| 增长<br>适应<br>偏见<br>审查 | 后果<br>影响<br>转型 | 精神信仰<br>价值观 | 系统<br>关系<br>价值观<br>后果 | 性能<br>结构 | 主体性<br>信仰<br>关系<br>相互依存 |
|---|---|---|---|---|---|

聚焦主题范围

| 社会<br>英语<br>研究<br>艺术 | 科学<br>社会研究<br>数学 | 艺术<br>社会研究<br>科学 | 科学<br>社会研究 | 科学<br>数学<br>英语 | 个人 社会<br>体育<br>教育<br>社会研究 |
|---|---|---|---|---|---|

　　自本课题展开研究以来，我们改变了从前以安排教学进度、理论学习、备课为主的教研组活动形式，坚持了每周一次备课组活动，一月一次教研组活动，活动内容以主题发问为主，分析生活中的问题，确定研究课题，集体讨论问题的实效性。通过研究，改进课堂教学方法，提高了课堂教学的效率，同时也促进了教师的专业发展。

　　1.依托课题的引领，重建高效课堂

　　回到我们的课堂，为什么会有大部分的学生不愿听课，不愿写作业，没有学习的积极主动性，我们一直提倡高效课堂，高效又从哪里来呢？相同面积的教室，有的显得很小，让人感到局促和狭隘；有的显得很大，让人觉得有无限伸展的可能。是什么东西在决定教室的尺度？是教师，尤其是小学教师。他的面貌，决定了教室的内容；他的气度，决定了教室的容量。所以我们每天行走在课堂，也应该赢在课堂。

　　每位教师争取做到：教学前想一想：准备教给学生哪些知识？哪些学生需要特别关注？课堂上准备组织些什么活动？这些活动要

达到什么目的？教学中想一想：怎样对待课堂上的提问？没有问题的课就是好课吗？有没有"失败"了的成功课呢？教学后想一想：课堂上改变了什么？为什么要这样改变？还有哪些不成功的地方？需要怎样改进？

有效的学习展开应当起于疑，思于疑，让疑问点燃学生思维的火花，让疑问成为课堂天然的主线。学生展示交流得充分与否，关键在于教师如何有效处理好以下问题：如何引导学生学会质疑？如何妥善处理学生的质疑？如何通过质疑这一环节落实学生的主体地位？如何让学生的质疑引导着课堂走向深处？在探究交流中，我们注重为学生搭建展示的舞台，随时捕捉学生的疑问、想法、创设等精彩瞬间，充分利用生成资源，把师生互动和探索引向纵深，使课堂产生新的思维碰撞和交锋，从而有所发现，有所拓展，有所创新，呈现一种开放与生成的学习。在"实"与"活"的相融相趣中实现课堂的收放自如。

2. 学生的成长

在课题研究中，教师关注学生的个体发展，激活学生的主体意识，引导学生掌握一定的探索问题的方法，培养解决问题能力；在课外充分挖掘日常生活中的数学资源，积极运用所学知识解决生活当中的问题，激发学生强烈的求知欲，学生亲自探索、发现、解决问题，体验问题解决策略的多样性。

教学其根基在于引导学生探究，激发学生探究的兴趣，让学生在探究中获得知识，获得学习方法，获得情感体验。我们要为学生创设各种不平衡的问题情境，放手让他们自己去尝试、探究、猜想、思考，给学生留下足够的思维空间。

3. 教师的成长

在本课题研究中两位青年教师迅速成长，而且从各项活动中积累了宝贵的案例资料，她们对教学有了更多更新的思考，成为我县乃至我市小学学科的领头雁、排头兵。

## 二　数学姓"童"

关于小学生的特点与个性，大多数人都能说出一二，比如"活泼好动""好奇心强""爱玩"等，还有就是喜欢动漫，喜欢童话故事……以上特点，也正是我们孩子的天性，那就是童真、童趣。因此，在这里笔者要告诉所有的小学教师与研究者，无论我们采用什么样的教学方法与手段，都不要忘记一点，那就是：我们的学生本姓"童"。笔者正是从这个角度出发来研究课堂与学生的，要让他们的整个童年时代真正姓"童"。几年来，笔者尝试用童话形式诠释数学知识与数学文化，受到了孩子们的欢迎。

### （一）用童话故事诠释数学文化

数学文化是数学史、数学教育、数学哲学和文化学的交叉领域，它所研究的是数学与其他文化系统，以及整个文明的关系。因此，为了能使小学生更清晰、完整地了解某一数学文化，最好的办法就是用童话的形式进行诠释，让学生像读童话故事一样读出某一数学文化的发生、发展，以及现在的研究状况，这样就使复杂、深奥的数学文化简单化，从而在潜移默化中掌握了某一数学文化。

比如关于"乘号的起源"这一数学文化，笔者就是采用童话故事的形式进行的，题目是《穿越时空探寻乘号足迹》。数学内涵：了解乘号的历史渊源；体会数学文化的博大精深，激发学生对数学的求知欲望与对数学的探究心理。

定位：历史与数学、故事与数学。

正文：

（1）妮妮今天感到很累，吃完晚饭就躺在床上，很快就进入了梦乡，她梦到与博士、天天、波波还有万事通一起坐着时光机穿越时光隧道回到了从前。

配图1：在时光机里面的对话。

博士：乘法是最早产生的运算之一，并且出现在人类最早的文字记载中。

妮妮：数学真是既博大精深，又源远流长呀！

（2）时光机穿越到中国的古代。

配图2：古代人用算筹与算盘计算的背景图。

妮妮：我们古代人难道不用乘号吗？

博士：中国古代因注重以工具计算，一般运算全在算筹或算盘上进行，只记录其结果，因此在计算相乘的时候不用乘号，记录时用文字表达运算。

（3）时光机飞快地穿越着，很快又把他们带到了一个陌生的地方。

配图3：古希腊丢番图的墓碑前。

妮妮：这是什么地方呀？

博士：这是古希腊，这里埋葬的是古希腊的大数学家丢番图。

天天：难道他对乘法也有不一样的做法？

万事通：丢番图以两数并列表示相加，有时以一斜线及曲线分别作加号和减号使用，在表示两数相乘时也用两数并列表示。

（4）由于时光机穿越时光隧道的速度太快，妮妮有些晕乎了。

配图4：古印度为背景，古印度巴赫沙里头像或巴赫沙里残简。

万事通：这是印度古国。

博士：在古印度的巴赫沙里残简中也不出现乘号，遇到相乘的情况时，他会用一种特殊的形式把各个乘数排起来。

（5）时光机又来到了1545年的德国。

配图 5：图里显示 1545 年的德国的画面，并显示施蒂费尔的照片。

博士：这是德国著名代数学家施蒂费尔。

妮妮：他怎么表示相乘呢？

万事通：他在这一年出版的一本算术书中用大写字母 M 表示相乘。

（6）时光机飞快地穿梭着，瞬间就停在了 1591 年的法国。

配图 6：韦达的头像。

博士：这是西方"代数之父"韦达，他提出以 3 in 4 作为 3 与 4 的乘积。

天天：这种表示方法也不是那么简单。

万事通：别着急，再往前走就会找到简单的写法。

（7）经过一路奔波，妮妮、天天、波波他们累极了，他们好想坐下来歇歇，时光机好像明白他们的想法，速度渐渐慢了下来，最后缓缓着陆了。这时时光机上面时间显示是 1631 年，地点是英国。

配图 7：威廉·奥特雷德。

博士：这就是英国数学家威廉·奥特雷德，他对数学符号的发展产生很大的影响。

妮妮：我记起来了，他有一本书叫《数学之钥》，书中首次以"×"表示两数相乘。

万事通：这个"×"就是现代的乘号，后来日渐流行。

（8）就在他们兴致勃勃地探究乘号起源的时候，突然响起轰隆隆的声音，大地也跟着剧烈地颤动着。

配图 8：妮妮、天天、波波惊慌失措。

妮妮：博士，这是怎么回事？

博士：时光隧道出现险情，有随时塌方的危险。

波波：那怎么办？ 我们不能在这里等死呀！

万事通：大家赶紧登上时光机，我们立即返航。

（9）就在大家慌忙登上时光机的时候，险情又出现了，由于万事通操作不当，妮妮被弹出时光机。天天赶紧伸手抓住妮妮，但因为时光机速度太快，妮妮最终还是被甩了出去，抛出的妮妮在时光机外面大声呼救。

配图 9：妮妮从床上掉了下来，原来是一场梦。这时，天已经亮了，天天、波波来叫妮妮一起去上学。

妮妮：我做了一个好奇怪的梦，梦到自己与你们一起在探索乘号的成长历史。

天天：你梦到的故事还没结束呢。奥特雷德的乘号表示相乘的方法从此以后沿用至今。莱布尼茨在 1698 年 7 月 29 日给约翰·伯努利的一封信内又提出另一种表示相乘的方法，就是以圆点"·"表示乘，以防"×"号与字母"X"相混淆。

## （二）用童话故事浸入数学课堂

大多数数学教师的课堂就是为教知识而教知识，很少去揣摩孩子的心理与兴趣、爱好，这也正是学生对数学课堂兴趣不高的原因。

为了提高学生对数学的兴趣，笔者在平时的课堂教学中采用的方法就是以童话故事统领课堂，整节课就是一个童话故事，在一节课的课堂教学中有三条线，一条线是故事的发生、发展、高潮、结局，另一条线是数学知识点的导入、新授、练习、总结，这两条线都随着中间一条线即知识线的推进而推进。

如《鸡兔同笼》，笔者是这样设计这节课的（如下表）（两课时完成）：

## 小鸡和小兔的家族史
### ——鸡兔同笼

| 教学内容 | 人教版小学数学四年级下册第 104 页例 1《鸡兔同笼》 |
|---|---|
| 教学目标 | 1. 知识与技能<br>初步认识鸡兔同笼的数学趣题，了解有关的数学史。能用列表法和画图法解决相关的实际问题，结合图解法理解假设的方法解决鸡兔同笼问题。<br>2. 过程与方法<br>通过画图分析、列表举例、假设计算等方法理解数量关系，体会数形结合的方便性，体验解决问题方法的多样化，提高解决实际问题的能力。<br>3. 情感、态度与价值观<br>培养学生的合作意识，在现实情景中，在交流的过程中，使学生感受到数学思想方法的运用与解决实际问题的联系，提高学生解决问题的能力和自信心，受到多种数学思想方法的熏陶，进而让学生体会数学的价值。 |
| 教学重点 | 用画图法、列表法、假设法解决相关的实际问题。 |
| 教学难点 | 体会解决问题策略的多样化，培养学生分析问题、解决问题的能力。 |
| 课时数 | 2 课时 |

第一课时

| 童话故事线 | 教材线 | 课堂教学线 |
|---|---|---|
| 原来的鸡与兔的模样差不多。只是脚不一样多，鸡有 2 只脚，兔有 4 只脚。并且这些鸡与兔是形影不离的好朋友，吃住都在一起。 | | 一、导课环节 |
| 有一天，小羊、小猪来串门。看到小羊与小猪来了，调皮的小鸡与小兔都藏了起来。<br>小羊看到这个情景，笑坏了："你们真逗，我看到你们的头了，有 8 个头，快出来吧。"<br>小猪也哈哈大笑："别藏了，你们的 26 只脚都露在了外面。"<br>小鸡与小兔要赖皮。<br>"我们就是不出来。"它们一齐说，"猜出我们鸡和兔各有几只才与你们玩。" | 鸡和兔共 8 个头，26 只脚，鸡和兔各有几只？ | 二、新授环节一（让学生了解问题的条件与要解决的问题） |

| 童话故事线 | 教材线 | 课堂教学线 |
|---|---|---|
| "这个好办。"小羊说。<br>它用画图法解决了小鸡与小兔给出的难题。 | | 三、新授环节二（用画图法解决问题）：<br>每个圆圈代表一个头，每条线段代表一条腿。画一画，看看能不能猜出鸡有几只，兔有几只。 |
| 这也难不倒小猪。<br>只见它用列表法解决了小鸡与小兔给出的问题。 | <table><tr><td>鸡</td><td>8</td><td>7</td><td>6</td><td>5</td><td>4</td><td>3</td></tr><tr><td>兔</td><td>0</td><td>1</td><td>2</td><td>3</td><td>4</td><td>5</td></tr><tr><td>脚</td><td>16</td><td>18</td><td>20</td><td>22</td><td>24</td><td>26</td></tr></table> | 四、新授环节三（用列表法解决问题）<br><table><tr><td>鸡</td><td>8</td><td>7</td><td>6</td><td>5</td><td>4</td><td>3</td><td>2</td></tr><tr><td>兔</td><td>0</td><td>1</td><td>2</td><td>3</td><td>4</td><td>5</td><td>6</td></tr><tr><td>脚</td><td>16</td><td>18</td><td>20</td><td>22</td><td>24</td><td>26</td><td>28</td></tr></table> |
| 小鸡与小兔服气了，决定走出来与小羊、小猪一起玩耍。 | | |
| 小猪提议进行篮球投球比赛。"3分线外投中一球记3分，3分线内投中一球记2分。"小猪告诉大家投球比赛规则。 | 106页练习二十四第3题 | 五、巩固练习 |
| 结果小羊投了15个球，进了9个，没有被罚球，总共得了21分。小猪就赶紧拿出记录本记下了小羊在这场比赛中投进了几个3分球。 | | 问：小羊在这场比赛中投进了几个3分球？请用学过的方法（画图法或列表法）计算一下。 |
| | | 六、课堂小结 |
| 当轮到小兔投球的时候，突然，一只老鹰飞过来。 | | 师：老鹰飞过来会发生什么事了呢？我们下节课就会知道。 |
| 附：板书设计（略） | | |

| 第二课时 | | |
|---|---|---|
| 童话故事线 | 教材线 | 课堂教学线 |
| | | 一、导课<br>师：还记得我们上节课学会了哪两种方法吗？<br>下面我们看看老鹰来了又会发生什么呢？ |
| 突然，一只老鹰飞过来。<br>小兔与小鸡们都吓坏了，小兔子们吓得两条腿着地直愣愣地站了起来。 | | 二、新授环节（用砍足法解决问题）<br>师：小兔子们站了起来，那么现在这些小兔子都是几只脚站在地上？ |
| 但是凶恶的老鹰还是挥舞大刀，把小鸡与小兔站在地上的所有的脚都砍掉了。 | （1）如果笼子里都是鸡，那么就有 8×2=16 只脚，这样就多出 26-16=10 只脚。<br>（2）一只兔比一只鸡多 2 号脚，也就是有 10÷2=5 只兔。<br>（3）所以笼子里有 3 只鸡，5 只兔 | 师：现在小鸡与小兔多少只脚站在地上？<br>砍掉多少只脚？ 8×2=16（只）<br>剩下多少只脚？26-16=10（只）<br>兔子剩下几只脚？4-2=2（只）<br>几只兔子？ 10÷2=5（只）<br>几只鸡？ 8-5=3（只） |
| 看到这种情况，小猪与小羊赶紧拿起武器抗击老鹰。<br>老鹰看情况不妙，赶紧逃走了。 | | |
| "赶紧找河对岸的大象医生做手术。"小羊催促说。<br>周围的邻居也都来帮忙。 | | |
| 它们一共来了 38 个邻居，为了过河一共租了 8 条船，每条船都坐满了，大船坐 6 个，小船坐 4 个。 | 巩固练习 1：<br>106 页练习二十四第 2 题 | 三、巩固练习<br>1. 练习环节一：<br>出示问题，集体解答。<br>师：大小船各租多少条？ |
| 赶到大象医生的医院，大象医生赶紧从医药箱里拿出大小两种重 93g 的药丸共 12 粒，药盒上标着每个大药丸 10g，每个小药丸 7g。 | 巩固练习 1：<br>106 页练习二十四第 1 题 | 2. 练习环节二：出示问题，集体解答。<br>师：大小药丸各多少个？ |

续表

| 童话故事线 | 教材线 | 课堂教学线 |
|---|---|---|
| 手术做完后，小鸡与小兔竟然奇迹般地站了起来。<br>看到这种情景，大家个个都开心极了。但大象医生却说："先别高兴太早，这种药会有副作用的。" | | |
| | | 四、结课环节<br>这节课你有什么收获？ |
| 果然，小鸡与小兔虽然能自由行走了，但大家却惊讶地发现，服用药丸之后的小鸡全身长出了羽毛，还有红红的鸡冠，而服用药丸之后的小兔却长出了两个长长的耳朵，从此，小鸡与小兔祖祖辈辈就变成了我们现在看到的模样。 | | |
| 附：板书设计：（略） | | |

这种教学方式既能培养学生的阅读能力，又能提高学生的数学兴趣，同时对孩子们综合素养的培养起到很好的推动作用。

综上所述，小学数学童话课堂教学改变了以往单一用故事的方式进行导课，或者仅仅在课堂的某个环节进行故事渗透的教学模式，而是将整节课设计成一个完整的童话故事，并能做到知识与故事自然发展，前后照应，一气呵成，从而最大限度地牵动学生的兴趣与思维。但是，即使是最优质的教学模式，如果长期使用也会引起学生的思维与视觉疲劳，就像吃饭，哪怕是最好的食物，长期食用也会厌倦。因此，我们作为一个师者，必须不断改变自己的教学模式，以使我们学生的兴趣点永远处于最佳状态，但必须要记住一点，那就是——我们的学生本姓"童"！

05

第五章

# 童话数学评价

只有实施没有评价，那么这项研究就不算成功。为达到既有实践经验又有评价标准的研究目的，童话数学研究中也把教育评价列为重要研究地位。

童话数学的教育评价分为三个层次，一是制定童话数学教学标准；二是制定小学童话数学课堂教学评价标准；三是制定小学各年级童话数学阅读评价标准。

## 一 童话数学教学标准（初稿）

### （一）前言

#### 1. 开发背景

小学阶段是儿童兴趣、习惯、能力、素养等形成和发展的重要时期。为了增强儿童教育的针对性、实效性，切实地为他们形成正确的生活态度、良好的兴趣、习惯和数学素养等打好基础，必须构建符合儿童身心发展特点和素质教育精神的教学素材。引导儿童形成良好的公民素养与健康的人格，形成快乐生活的人文精神，形成探究、创新、实践的科学精神。

为教师搭建一个有效转变教育教学观念可操作的载体，引领教师参与到教学改革中来，在培育学生的同时提升自己。

改变注重知识传授、重视结果而不重视兴趣和体验的教学现状，切实尊重儿童成长过程中最宝贵的发现、探究、求知、创新的认知规律。

2. 教学哲学

童话数学教学践行"天命之谓性，率性之谓道，修道之为教"的哲学思想，以童话故事为载体，以观察、探究、游戏为手段，浸润自然、人文、艺术、生活的精华，用美、善、真、思铺就学生的生活之道、生存之道、生命之道。

## （二）童话数学教学的性质与理念

### 1. 性质

童话数学教学以儿童的生活为基础，以童话故事为载体，以形成学生综合学习能力为核心，着力培养儿童的学习兴趣和良好习惯，引导儿童热爱生活、乐于探究。童话数学教学表面是知识与故事的相生相扶的教学，其实是生活的态度，是文化的承载，是时代最深刻、最鲜活，是摸得着、闻得到的声音、气息和面貌。

具有如下基本特征：

（1）生活性。

童话数学教学遵循儿童生活的逻辑，从密切联系儿童生活的童话故事中内化出主题活动或游戏，在阅读、游戏中学习数学，以正确的价值观引导儿童在活动中发现问题、解决问题。

（2）开放性。

童话数学教学面向儿童的整个生活世界，浅显有趣的童话故事中涵盖自然、人文、科学的知识。重视儿童的创造性，展开儿童与生命的对话，从而使教科书扩展到所有对儿童有意义、有兴趣的题材；课堂从教室扩展到儿童无限的生活空间；时间可以在课堂内或课堂外弹性地延展；评价关注儿童丰富多彩的体验和个性化的创意与表现。

（3）综合性。

童话数学教学从元认知入手，实现学科间内容的深度融合。教学活动体现学生生活经验、问题探究与活动参与的彼此渗透和相互促进，从多角度、多层面引导学生理解、认识自我、自然和社会，并以此为基础形成基本的思维品质。

2. 教学理念

（1）塑造健康的人格。

童话数学教学影响儿童生活的方方面面，并能引发他们内心的而非表面的思想情感、真实的而非虚假的情感体验和认知。因此，健康人格的形成必须在儿童的生活过程之中，而非在生活之外进行。

（2）引导儿童热爱生活、学习做人。

童话数学教学通过故事进行内化，为儿童形成积极的生活态度和实际的生存能力打下良好的基础，为他们在价值多元的社会中形成健全的人格和正确的价值观、人生观打下基础。

（3）珍视童年生活的价值，尊重儿童的权利。

童年是一个蕴藏着巨大发展潜力的生命阶段。童年生活具有完全不同于成人生活的需要和特点，它不仅仅是未来生活的准备或教育的手段，其本身就蕴藏着丰富的发展内涵与价值。学校生活是童年生活的重要组成部分，参与并享受愉快、自信、有尊严的学校生活是每个儿童的权利。

## （二）童话数学教学设计思路

1. 在课程中的位置

按照学生的思维过程、学习过程，把知识结构转化为学生的认知过程，让深度学习真正发生。

2. 结构框架

儿童在自己的生活中通过童话数学故事把握自我，发展自我，建构自己与外部世界的关系。因此，童话数学教学以儿童的生活为基础，用三条轴线和两个方面组成教学的基本框架，并据此确定教学的目标、内容标准和评价指标。

三条轴线是：

①儿童与教材。

②儿童与童话。

③儿童与课堂。

两个方面是：

①乐群、愉快地学习。

②动脑、创意地学习。

三条轴线和两个方面交织构成了儿童生活的基本层面。

乐群、愉快地学习是儿童学习的主调，它旨在使儿童获得对社会、集体、生活、自然的积极体验，懂得和谐的集体生活的重要性，发展主体意识，形成开朗、进取的个性品质，为儿童形成乐观向上的学习态度奠定基础。

动脑筋、有创意地生活是时代对儿童提出的要求，它旨在发展儿童的创造性和动手能力，让儿童能利用自己的聪明才智去探究或解决问题，增添学习的色彩和情趣，并在此过程中充分地展现并提升自己的智慧，享受创造带来的欢乐。

## （三）教学目标

### 1. 总目标

创设和谐统一的自然、人文、艺术和生活的育人情境，指导学生养成文明高雅、敬业乐群的行为与习惯；培养学生乐观积极、诚信友善的人生态度，善于观察、勤于动脑、热爱学习的情趣；将科学精神、人文素养、艺术情操镶嵌在学生的心田，成为学生终身学习、健康成长的基因。

2. 分目标

（1）行为与习惯：

①养成文明行为，懂规则、守纪律。

②乐于参与，乐于合作，乐于探究，乐于实践。

（2）态度与情趣：

①诚信、友善、尊重、自信，求上进。

②善于观察，勤于动脑，热爱学习，勇于创造。

（3）过程与方法：

①体验提出问题、探索问题的过程。

②尝试用不同的方法进行探究活动。

（4）知识与技能：

掌握自己学习需要的基本知识和技能。

## （四）实施建议

1. 教学建议

（1）教师在教学准备和教学过程中应全面把握教学目标及内容标准。

（2）教师要由单纯的知识传授者切实转变为儿童学习的指导者、支持者和合作者，努力创设适宜的学习情境。

2. 评价建议

（1）评价的特点。

①过程化。

强调对儿童学习过程的评价，重视儿童在学习过程中的态度、情感、行为表现，重视儿童学习中付出努力的程度，以及过程中的探索、思考、创意等。即使学习的最后结果没有达到预期的目标，也应从儿童体验宝贵学习经验的角度加以珍视。

②多样化。

主体多样化：评价是教师和儿童共同合作进行的有意义的建构过程。儿童既是评价的对象，也是评价的主体，强调儿童的自评、互评等方式和家长以及其他有关人员的参与。

角度多样化：分析儿童的言语或非言语表达，收集儿童的各种作品，汇集来自教师、同学、家庭等各方面的信息。

尺度多样化：不用一个统一的尺度去评价所有儿童，关注每一个儿童在其原有水平上的发展。

（2）评价的方法。

①观察。

教师观察并记录儿童在学习中的各种表现，以此对儿童进行综合评价。

②谈话。

教师通过开展与儿童各种形式的谈话，获得有关儿童发展的信息，并了解儿童各方面的变化。

③问卷。

教师设计问卷和组织儿童回答问卷，获得有关儿童发展的信息。

④成长记录。

用成长记录的方式积累儿童成长过程中的各种资料。

⑤儿童作品分析。

通过对儿童各种童话数学作品（文本、绘本、粘贴画等）、活动成果的分析，了解儿童活动过程和发展状况。

需要注意的是，前三种评价方法侧重于过程性评价，后两种评价侧重于结果性评价。在实施中，要注意综合运用。

3. 教学资源的开发与利用

本教学的资源是多样、开放的，可包括各种有形和无形资源：

① 努力开发童话数学学材。

② 利用相关的互联网资源、图书、绘本、电影、电视剧等。

## 二 小学童话数学课堂教学评价标准

### 童话数学课堂教学评价标准

执教者 _____ 上课时间 _____ 年 ____ 月 ____ 日

| 评价项目 | 评价标准 | 评价等级 | | | 得分 |
|---|---|---|---|---|---|
| | | A | B | C | |
| 教学思想 | 1. 既关注学生数学学习能力的提高，又关注学生学习品行的发展。<br>2. 坚持以学生为主，体现教师的组织者、指导者、合作者功能。<br>3. 尊重教学文本，创造性地利用童话、神话故事开发课程资源。 | 9-10 | 7-8 | 5-6 | |
| 教学目标 | 1. 目标符合课程标准要求，符合教学实际。<br>2. 目标体现知识与技能、策略与方法的生成性，思维活动的激发与引导性，情感的生成与支持性，态度与价值观的形成性。三维目标和谐统一。<br>3. 以目标统领教学准备与教学实践。 | 13-15 | 11-12 | 8-10 | |
| 教学内容 | 1. 依据课程标准和教学目标，审视和使用教科书，利用童话、神话故事对教材的知识点进行再创造。<br>2. 围绕教学内容特点开发和选择适宜的教学资源，支持目标达成。<br>3. 既关注学生新的学习与感悟，又关注学生的练习应用的习得与成长。层次清晰，符合和满足不同学生及各个阶段的进取和发展需要，有利于目标的达成。 | 13-15 | 11-12 | 8-10 | |

续表

| 评价项目 | 评价标准 | 评价等级 | | | 得分 |
|---|---|---|---|---|---|
| | | A | B | C | |
| 教学活动 | 1. 童话故事情境有利于唤起学生经验，有利于学生主动开展数学认知活动。<br>2. 让学生通过童话故事看到有趣的、现实的数学。学生在童话故事中学习数学、开展活动，满足学生多样化学习和探究与思考的需求。<br>3. 活动与过程符合学生的认知发展规律和知识的形成规律，符合学生思维发展和成长追求。<br>4. 学习方法以独立思考、合作探究、解决问题为主。科学恰当地组织学生开展独立探究、小组合作与交流等活动，组织得当，引导与指导到位，学生思维碰撞，心灵荡涤、品行相专。<br>5. 学生具有自主探究、小组合作与交流的意识与心向；具有"求是"的活动过程与结果；具有独立活动与思考、合作与交流的情感、习惯与态度；各种学习方式与内容效果配套和谐；在个性思考的基础上选择恰当的学习方式，支持学生学习；方式与功能到位。<br>6. 科学利用评价，引导学生积极主动地参与学习，获得发展的动力支持和思维方法与学习品行的有效引导，获得进一步学习的内在品质与动力。<br>7. 整节课要体现出是一个完整的童话故事，并做到童话故事与教学环节和谐一致，协调顺畅，问题与探究的时空宽厚，学生思维活跃清晰，教学活动自然流畅。<br>8. 学生能流利朗读童话故事。 | 27-30 | 24-26 | 20-23 | |
| 教学效果 | 1. 学生有积极的探求欲望和强烈的问题意识、探究意识、合作意识、交流意识。<br>2. 学生主动经历了过程，理解和掌握了数学知识技能与思想方法，获得了基本的数学活动体验和经验。<br>3. 通过数学活动，学生的数学素养得到提高，品行得以锻炼。<br>4. 师生关系民主和谐，学生个性得到尊重，获得自信与成功的体验，每个学生的需求得到满足，不同学生获得不同的发展。<br>5. 学生在阅读童话故事的同时能体会故事中渗透的数学因素。 | 18-20 | 14-17 | 10-13 | |

续表

| 评价项目 | 评价标准 | 评价等级 | | | 得分 |
|---|---|---|---|---|---|
| | | A | B | C | |
| 教学风格 | 1.语言与肢体语言具有亲和力、感染力，思维清晰，语言精辟。<br>2.教学设计个性化与实践个性化。<br>3.具有深厚的学术素养和数学文化底蕴，厚积而薄发。<br>4.教学开放且调控得体、得力。<br>5.童话故事创意新奇。 | 9-10 | 7-8 | 5-6 | |
| 简要评语 | | 总分 | | | |

评价者 _____ 评价时间 _____

## 小学各年级童话数学阅读评价标准

阅读人 _____ 阅读时间 _____ 年 ___ 月 ___ 日

| 年级 | 阅读评价标准 | 评价等级 | | | 得分 |
|---|---|---|---|---|---|
| | | 优 | 良 | 一般 | |
| 一年级 | 1.在教师的指导下逐步具有一定的课外数学阅读意识，有读书的兴趣。 | | | | |
| 一年级 | 2.在规定的读书时间内专心读书，能与人交流。<br>3.借助读物中的图意读书，能看懂图意，能用两三句话正确、清楚地口述图意。<br>4.阅读浅近的童话、寓言故事，诵读童谣和浅近的古诗，展开想象。<br>5.通过拼音阅读课件上出现的童话故事，或能精心聆听课件中的音频文件。 | | | | |
| 二年级 | 1.在良好的课外阅读环境下，有良好的阅读兴趣，喜欢阅读，感受阅读的乐趣；初步学习"不动笔墨不读书"的正确阅读行为习惯，喜爱图书、爱护图书。<br>2.学会运用拼音和工具书阅读课件中的童话故事内容，初步理解课件中的意思。<br>3.学习边读边思考的阅读方法并能质疑。 | | | | |

| 年级 | 阅读评价标准 | 评价等级 | | | 得分 |
|---|---|---|---|---|---|
| | | 优 | 良 | 一般 | |
| 三年级 | 1. 具有一定的课外阅读的意识，有了读书的兴趣，爱读书、想读书，能在老师的指导下安排读书时间，收藏读书资料，参与读书活动。<br>2. 流利朗读课件中的童话故事，并能说出童话故事表达的内容。<br>3. 能在自学的状况下通过读童话进行列算式或解决数学问题。 | | | | |
| 四年级 | 1. 具有良好的阅读兴趣，喜欢阅读，感受阅读的乐趣，能科学地安排阅读的时间；养成读书看报和收藏的习惯，以及与同学交流资料的习惯。每天坚持阅读数学读物 15 分钟以上。<br>2. 学会运用已学的数学知识、技能和工具书阅读适合的童话、寓言、小说等，理解读物的主要内容，体会文章表达的思想感情。并能解决相关数学问题。 | | | | |
| 五年级 | 1. 具有较强的课外阅读意识，能自觉安排时间进行课外阅读，有收藏图书资料、参与读书活动的习惯。<br>2. 学习探究性阅读方法，在老师的指导下利用图书馆、网络等信息渠道尝试专题性阅读数学素材。<br>3. 根据阅读素材会模拟写作数学童话故事。 | | | | |
| 六年级 | 1. 具有浓厚的阅读兴趣，学习制定规划，形成与同学交流图书资料与讨论的习惯，在交流中敢于提出自己的看法，作出自己的判断。<br>2. 学会精读，学会选择自己喜爱阅读的童话数学书籍，并做好摘录读书笔记和批注，学写评价型的读书笔记。<br>3. 学会用童话语言描写数学知识点的分析、解答过程，并通顺撰文。<br>4. 能批判地鉴赏童话数学作品，感受形象，体验情感，形成个人兴趣爱好，丰富自己的精神世界。 | | | | |

在 20 多年的研究中，我与我的团队不只停留在童话数学教学与阅读的层面，还把此项研究延伸到学生创作、数学动画、数学漫画、数学绘本、数学文化等领域，取得了可喜效果。

## 一 数学知识创作

自实践探索以来，童话数学教学不但提高了学生学习数学的兴趣，而且在不断接触童话数学故事的同时，他们也学会了编写童话数学故事，在语言修养与审美修养方面都取得了很大进步。

以下是学生编写的童话数学故事：

### （一）五年级的学生编写的童话数学故事

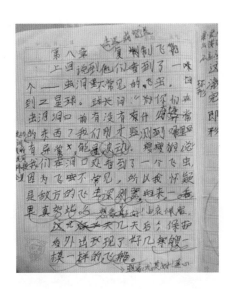

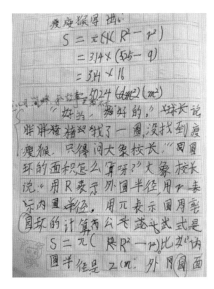
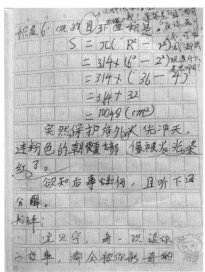

## （二）三年级的学生编写的童话数学故事

（注：这个三年级学生的文章里面有点小错误：应该是 100 和 10 比谁最大，而不是 100 和 1 比谁最大；"0 的爸爸"指谁也不清晰。）

（三）六年级的学生编写的童话数学故事

　　总之，单单从学生的作品来看，关于小学童话数学教学的实践探索应该是成功的，正像山东师范大学教育系的研究生崔庆华在她的研究报告《朱良才小学数学童话故事研究》中写的那样："经过多次走进小学数学课堂后，我发现小学数学的学习和以前大不一样，学习内容更加丰富多彩，形式更是灵活多样，原来让我'心惊胆战'的数学课竟然也可以这么有趣和生动，让我感受到了从来没有过的欣喜和向往。更让我欣喜的是接触到了《笨笨猫学数学》这一套数学童话故事教学的教材，翻开教材，里面一个个蕴含着数学知识的童话故事让已经是成人的我也被牢牢吸引住了……通过研究这套童话故事教材，我不禁陷入沉思，我们为什么要学习数学？难道仅仅是因为考试要考吗？有多少人学习数学是因为兴趣，是因为喜欢。我希望通过对小学数学童话故事教学的研究，让冰冷的数学变得温暖，能够走进每一个孩子的内心，让他们从心底热爱数学，愿意学习数学！"

## 二　童话数学动画

曾经有一个很大的设想，就是把小学数学所有知识点都做成动画片的形式，因为小学数学一共有 360 个左右的知识点，这样就能做成 360 集动画连续剧。这是一项很宏大的工程，但想想孩子们边看动画片边思考数学问题，在休息娱乐的同时，潜移默化地学到了数学知识，这对孩子、我们家长、教师来说是件多么幸福的事情。

既然想到了，就要去履行，这是我做事的风格，因此很快就着手去做这件事。

### （一）脚本

童话数学动画连续剧的名字是《数学村的七彩巨人》，我为此做了第一个动画电视剧脚本。

1. 脚本一

#### 第 1 集　原始森林里的神秘村落
——准备课：数一数　比多少

（1）原始森林。

大山深处的原始森林，胖村长在森林里寻找着什么。

忽然，胖村长在一片郁郁葱葱的草丛处停住了脚步。

胖村长：呵呵，终于找到了这个地方。

胖村长：喂，有人吗？我是博士，我来了！

森林里只有回声，除了惊起一群飞鸟外，很快就恢复了寂静。

因此他给这个自己建造的一座房子起名 数学屋

（2）草丛旁的一片空地上。

胖村长在一次次地钉钉子、装板子。

胖村长热得满头大汗，累得腰酸背痛。

胖村长很快就盖起了一座房子。

（3）房子及其旁边。

胖村长：我要给这个房子起个响当当的名字才行。

胖村长：起什么名字呢？

胖村长抓耳挠腮转圈圈。

胖村长：有了，就叫数学屋。

（4）数学屋。

胖村长把写着"数学屋"三个字的牌子钉在门口的上方。

因此他给这个自己建造的一座房子起名 数学屋

（5）出镜教师。

师：同学们，我们来做数数游戏。刚才故事里有几位博士？几个群体？几座大山？几座房子？

生：故事里有一位博士，一个群体，一座大山，一座房子。

师：对，这里面有数字几？

生：数字 1。

（6）数学屋＋空地上。

兜兜、兜兜爸爸、兜兜妈妈

兜兜敲数学屋的门

兜兜：请问这里有人吗？

门开了，胖村长探出头来。

胖村长：你们谁呀？

兜兜：我是兜兜，这是我们一家。这个地方真漂亮，请问我们可以住在这里吗？

胖村长：我是博士，刚搬来不久。你们也要住在这里？那太好了，欢迎欢迎！

（7）数学屋＋空地上。

妞妞与妈妈坐在天鹅背上从天而降，一下子落在胖村长跟前。

胖村长吓得一屁股坐在地上。

妞妞：嘻嘻嘻，看把你吓的。

妞妞妈妈：我们是妞妞一家，我们也要住在这里，请问可以吗？

胖村长摇了摇脑袋，回过神来。

胖村长：可以，可以！欢迎欢迎！

妞妞：还有天鹅婆婆一家。

兜兜：欢迎天鹅婆婆一家。

他们都相互熟悉起来 并都成了好朋友

（8）数学屋＋空地上。

胖村长：那我们就先合伙再建几排房子吧。

兜兜：我们现在可以先建九排房子，以便迎接更多的客人。

妞妞：我们还可以建三个大花园。

胖村长：为了观测大自然的一切现象，我们再建一座观测站。

兜兜、妞妞（齐拍手）：太好了，太好了。

（9）数学屋旁的空地上。

一座观测站，三个大花园，九排房子。

（10）出镜教师。

师：我们来做数数游戏。同学们在刚才的故事里找一找里面的数字，有数字几？

生：里面的故事里有数字 3 和数字 9。

（11）数学屋＋空地上。

兜兜：天鹅婆婆，你们来了四口人呀？

天鹅婆婆：是呀，你们来了几口人。

兜兜：我们家来了五口人，妞妞家来了两口人。

妞妞：欢迎猴妈妈、虎妈妈，这是谁呀？

猴妈妈：这是我的儿子，叫奇奇。

奇奇一下子跳到了妈妈背上。

虎妈妈：这是我儿子，叫吉吉。

吉吉吼吼地叫了两声，并跳到了兜兜跟前，兜兜善意地抚摸了一下吉吉的虎头。

小白兔：欢迎我们吗？

胖村长：当然欢迎，你们这一家真是阵容庞大呀。

兔妈妈：是呀，我们的人口最多，我们一家有 8 口人，这是我的可爱女儿笑笑。

小白兔笑笑很有礼貌地给大家鞠躬。

胖村长、兜兜、妞妞热情地把各个家庭都安顿好。

四口之家的是天鹅婆婆的一家

（12）数学屋 + 小河。

"哗哗"小河流水的声音。

兜兜：那边怎么还住着人家？

胖村长：那是在你们之前来定居的，是大象医生，他为了方便大家，还特意开了一家诊所。

（13）出镜教师。

师：我们来做数数游戏。同学们想一想，这里面又出现了哪些数字呢？

生：故事里又出现了数字 7、5、2、4、8。

（14）夜晚＋空地上。

胖村长、兜兜、妞妞、吉吉、奇奇、笑笑。

大家玩"捉迷藏""老鹰捉小鸡"……

兜兜：快看呀，那星星对着我笑了。

妞妞：是吗？我怎么没看到呀。

兜兜：你看，在那里，它周围有1颗、2颗、3颗、4颗、5颗、6颗、7颗、8颗、9颗、10颗，对，一共10颗星星。

（15）出镜教师。

师：我们来做数数游戏。咱们大家一块也来跟着这些快乐的人们数星星吧。

生：1，2，3，4，5，6，7，8，9，10。

（16）夜晚＋空地上。

兜兜：我有个提议，既然博士的房子叫数学屋，我们也给咱们的村子起个名字吧。

妞妞：起什么名字？

大家都在深思。

兜兜：我想出来了。

大家一齐说出：数学村。

胖村长：好呀，既然大家喜欢，那今后咱们的村子就叫数学村好了。

兜兜：您就是我们的村长。

大家一起喊：村长好！

奇奇：胖村长，胖村长。

大家也随着一起喊：胖村长，胖村长。

大家的欢呼声惊醒了树上的一群飞鸟，它们瞪大眼睛好奇地看着大家，然后呼啦一下飞跑了。

2. 脚本二

第 35 集　小鸡和小兔的家族史

（1）片头。

教师旁白＋卡通人物兜兜、妞妞卡通形象。

教师开篇语：同学们，上次阿棕通过轴对称与平移打开了数学村的大门，他就像一个老朋友一样大摇大摆地进入了数学村。

接下来又会怎样了呢？

（2）数学村＋树林旁空地。

鸡和兔在树林旁的空地上愉快玩耍，有的踢足球，有的玩着玩具。

小鸡甲来到小兔乙身边，掏出一颗巨大的棒棒糖。

小鸡甲：要不要再来比一比？

小兔乙：哼，比就比，这次你要是输了，就要把棒棒糖给我。

小鸡甲：这次我才不会输呢，我要是赢了，你把上次我输给你的蛋糕还给我。

小鸡甲伸出翅膀，小兔乙伸出前爪，二人握了握手。

（3）数学村＋树桩前。

小兔乙两条后腿用力一蹬，轻松跳上树桩。

小鸡甲憋红了脸咬牙切齿地跳，小翅膀拼命扇着也跳不上去，反复几次跌在地上。

（小鸡甲石化，嘴里飘出一口气）

（4）鸡兔村＋球门前。

小鸡甲助跑射门，小兔乙守门，小兔乙前爪短够不着球，球轻松进门。

小兔乙抬起两只后腿用力射门，小鸡甲轻松用翅膀把球全部挡下。

（5）鸡兔村＋球门前。

小鸡甲和小兔乙站在一起谁也不让谁。

小鸡甲：你有四条腿，我怎么可能跳得过你。

（特写，小兔乙有 4 条腿）

小兔乙：你虽然只有两条腿，但是你有翅膀，我怎么可能踢进球。

（特写，小鸡甲有两条腿）

二人怒目切齿越靠越近。

小兔甲从大门跑过来。

小兔甲大喊：有客人来啦。

小兔甲看到二人斗气，又腰走到旁边。

小兔甲：你们又吵架了吧？

小鸡甲和小兔乙迅速装作若无其事的样子。

小兔甲：好了好了，我们大家一起和客人们玩个游戏吧。

（6）数学村＋树林前。

兜兜和姐姐走进鸡兔村，发现空无一人。

兜兜挠挠头。

兜兜：奇怪了，大家都到哪里去了。

姐姐转了转眼睛，清清嗓子大喊。

姐姐：大家快出来吧，我给大家带了好吃的。

瞬间从草丛里小鸡和小兔都把头伸了出来。

小鸡甲：我们不出来，除非……

小兔乙接过话。

小兔乙：除非你知道我们小鸡和小兔各有多少只。

姐姐笑了起来，一个一个数着。

姐姐：我数出来啦，一共 26 只脚。

兜兜挺了挺胸，也开始数，这时小鸡和小兔不停把头从草丛中伸出又缩进去。

兜兜双眼打转倒在地上。

兜兜：姐姐，我数出来了，一共 8 个头。

小兔乙把头伸出草丛。

小兔乙：那你们现在知道小鸡和小兔各有多少只了吗？

（7）出镜教师＋姐姐兜兜形象（兜兜倒在地上眼冒金星）。

出镜教师：读了以上文字你知道解决这个数学问题的条件与问题了吗？

生：条件是有 8 个头、26 只脚，问题是鸡和兔各有几只。

（8）数学村 + 树林旁。

兜兜从地上站起。

兜兜卡通形象：这个好办，我用画图法。

（9）出镜教师：如果用画图法你怎么解决呢？先画什么？再画什么？最后画什么？

生：用小圆圈代替，先画 8 个头，再在 8 个头上分别画上两只脚，然后继续添足，添够 26 只脚为止。（边说边画）

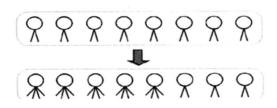

（10）数学村 + 树林旁。

妞妞突然恍然大悟般地跳了起来。

妞妞卡通形象：我用列表法。

（11）出镜教师：如果用列表法怎么解决呢？我们知道 8 个头，那么可能有几只鸡、几只兔？

生：可能有 8 只鸡，0 只兔；还可能有 7 只鸡，1 只兔；还可能有 6 只鸡，2 只兔；还可能有 5 只鸡，3 只兔；还可能有 4 只鸡，4 只兔……

出卡通表格。

| 鸡 | 8 | 7 | 6 | 5 | 4 | 3 | 2 | 1 | 0 |
|---|---|---|---|---|---|---|---|---|---|
| 兔 | 0 | 1 | 2 | 3 | 4 | 5 | 6 | 7 | 8 |
| 脚 | 16 | 18 | 20 | 22 | 24 | 26 | 28 | 30 | 32 |

（12）数学村＋树林旁空地上的篮球场。

兜兜兴高采烈地拍着篮球。

妞妞也来拍，并投篮。

小鸡们也纷纷效仿拍球、投篮。

小兔子们也纷纷效仿拍球、投篮。

兜兜用手势制止大家。

兜兜：咱们进行篮球投球比赛吧。

妞妞：怎么比呢？

兜兜：3分线外投中一球记3分，3分线内投中一球记2分。

兜兜开始投篮。

小鸡甲：投进1个了。

兜兜又投篮。

小兔甲：投进2个了。

小兔乙记录投进的个数。

小兔乙：兜兜投了15个球，进了9个，没有被罚球，总共得了21分。

（13）出镜教师：兜兜在这场比赛中投进了几个3分球？

生：我用画图法得到都是2分球的话，就是18分，然后在3个2分球上补上1分，就知道是3个3分球。

生：我用列表法。

| 2分球 | 9 | 8 | 7 | 6 | 5 | 4 | 3 | 2 | 1 | 0 |
|---|---|---|---|---|---|---|---|---|---|---|
| 3分球 | 0 | 1 | 2 | 3 | 4 | 5 | 6 | 7 | 8 | 9 |
| 总分 | 18 | 19 | 20 | 21 | 22 | 23 | 24 | 25 | 26 | 27 |

得到有3个3分球。

（14）数学村＋树林旁。

小鸡和小兔们围着兜兜和妞妞。

小鸡甲：你们可真是厉害呀。

突然，地上出现一团阴影并慢慢变大，众人抬头，一只老鹰正飞过来。

小兔子们吓得站了起来，小鸡们用翅膀捂住眼睛。

妞妞和兜兜抱在一起。

凶恶的老鹰还是挥舞大刀，把小兔子与小鸡站在地上的脚全部都砍掉了。

一阵凉风吹过，小鸡们和小兔们疼得浑身打战。

（15）出镜教师 + 妞妞、兜兜形象。

出镜教师：同学们思考"把小鸡与小兔站在地上的所有的脚都砍掉了"，说明砍掉了多少腿？为什么？怎样列式？还剩多少条？怎样列式？

剩下的是哪个小动物的腿？这种小动物多少只？怎样列式？

生："把小鸡与小兔站在地上的所有的脚都砍掉了"说明砍掉的脚数是 $8 \times 2 = 16$（只），因为一共 26 只脚，那么还剩的脚数是 $26 - 16 = 10$（只），这 10 只腿是小兔子的脚，现在每只小兔子还剩 2 只脚，那么小兔子的只数是 $10 \div 2 = 5$（只），鸡的只数就是 $8 - 5 = 3$（只）。

生：这种方法叫砍足法，也叫假设法。（这里随着学生的回答要列出算式）

（16）数学村 + 树林旁。

妞妞和兜兜看着小鸡和小兔们瑟瑟发抖。

妞妞：这可怎么办呀？

兜兜：我们快把他们带去河对岸的大象医生那里吧。

妞妞点头。

妞妞：我去找人帮忙。

（17）数学村 + 村外河边。

一群邻居们赶来。

妞妞：我们一共 38 个。

兜兜：我一共租了 8 条船，大船可以坐 6 个，小船可以坐 4 个。

兜兜指着河边两个小码头。

兜兜：大船从 1 号码头上，小船从 2 号码头上。

妞妞：那我们该怎么分配呀？

（18）出镜教师 + 妞妞、兜兜形象。

出镜教师：有了这些条件，你知道大船、小船各租几条了么？联想到上面的鸡兔同笼，那么谁相当于鸡？谁相当于兔？

用你喜欢的方法进行解答。

生：这样的问题既可以用画图法，也可以用列举法，也可以用砍足法。

（19）大象医院。

妞妞：医生，你快帮帮他们吧。

大象医生看着瑟瑟发抖的小鸡们和小兔们，赶紧端出一个盒子擦了擦汗。

大象医生：刚才我一着急，里面的药丸都混在了一起，你们赶快帮我看一看吧。

兜兜拿起盒子。

兜兜：药丸一共 93 克，12 粒，每个大药丸 10 克，每个小药丸7 克。

（20）出镜教师 + 妞妞、兜兜形象。

出镜教师：有了这些条件，你知道大、小药丸各几粒？联想到上面的鸡兔同笼，那么谁相当于鸡？谁相当于兔？

怎么列式解答呢？

生：这样的数字比较大，最好用砍足法，也就是假设法。

（21）大象医院。

小鸡和小兔们吃下药丸不再发抖，令人惊奇的是，在药物的作用下他们竟然奇迹般地站了起来。

姐姐和兜兜高兴地跳起来。

大象医生：别高兴太早，这些药还是有副作用的。

姐姐：什么副作用。

就只见小鸡们忽然长出了鸡冠，毛发也变成了羽毛，还长出了尖嘴。

小兔们门牙变长，长出了两只长耳朵。

兜兜与姐姐（互相对视，都笑了起来，同时说）：这样也挺好，嘻嘻嘻。

（22）出镜教师。

出镜教师结束语：

同学们，兜兜与姐姐在这次救险经历中能遇到阿棕吗？遇到阿棕又会发生什么呢？我们下节课再继续观看。

（二）主题曲

为了这部动画片，我与董仲军老师合作为这部动画片作词作曲，赵敏发老师制谱，主题曲名字叫《童年梦》，效果很好。

# 童年梦

作词：朱良才
作曲：董仲军

1=D 2/4
中速稍快

```
3 3 34 | 5 - | 22 23 | 5 - | 66 1 | 20 30 | 5. 3 | 2 - |
```
1. 长方形 长　　正方形 方　　圆周率 来 做 国　　王
2. 小数点 小　　分数线 长　　算盘 来 把 掌 柜 当

```
3 3 34 | 5 - | 3 23 | 6 - | 55 54 | 30 23 | 1 - | 1 0 |
```
加减乘 除　开 宝 藏　　加减乘除 开 宝 藏
和差积 商　揿 波 浪　　和差积商 揿 波 浪

```
66 66 | 6. 7 | ii 76 | 5 - | 22 22 | 23 20 | 5. 6 | 2 - |
```
种下一粒 籽　　长出 新太 阳　　太阳公公 喜洋 洋　喜 洋 洋
栽下一棵 树　　引来 金凤 凰　　凤凰姐姐 真漂 亮　真 漂 亮

```
3 3 34 | 5 - | 3 23 | 6 - | 55 44 | 30 23 | 1 - | 1 0 :|
```
童话屋 里　量 周 长　　童话屋里 量 周 长
童年梦 里　教 九 章　　童年梦里 教 九 章

```
55 55 | 60 70 | i - | i 0 ||
```
童年梦里 教 九 章

赵敏发制谱

## （三）动画片

我们有了脚本与主题曲，就开始着手做动画片，现在已经完成了第一集的制作工作，因为视频形式，在此暂不展示。

在此谨以文字的形式展示一下分镜头的设计，以《钟表的认识》为例：

## "发生在时间王国里的故事"动漫脚本

| 镜头序号 | 画面内容 | 声音内容 |
| --- | --- | --- |
| 1 | 时间王国的画面，在画面中出现高矮不同的人 | |
| 2 | 妮妮惊讶的画面 | 妮妮：哇，这就是时间王国呀？ |
| 3 | 天天出现的画面 | 天天：有的又矮又胖，有的又高又瘦。 |
| 4 | 波波出现在画面中 | 波波：他们和时间有什么关系呢？ |
| 5 | 博士出现在画面中 | 博士：别急，一会见了国王就会明白怎么回事。 |
| 6 | 时间王国国王的宫殿图画 | |
| 7 | 国王坐在宝座上的图画 | 国王：欢迎远道而来的客人，一会让钟表丞相带你们去参观。 |
| 8 | 天天疑问的图画 | 天天：钟表丞相？我国远古有左丞相、右丞相，难道这里也有类似的官职？ |
| 9 | 博士指着两边站立的官员解释的画面 | 博士：是的，这里除了国王，丞相就是最大的官员，在丞相官职里面又分为钟表丞相、年华丞相、光年丞相，它们分别统治一方。 |
| 10 | 万事通出现在画面中 | 万事通：他们按管辖范围从高到低分别是光年丞相、世纪丞相、年华丞相、钟表丞相。 |
| 11 | 钟表丞相的臣民们卖力、有节奏工作的画面 | 旁白：钟表的滴答滴答的声音。 |
| 12 | 妮妮疑问的画面 | 妮妮：为什么会有高矮胖瘦不同呢？ |
| 13 | 博士出现在画面中，指着劳作的臣民说 | 博士：看，那些又矮又胖的臣民叫时针，又高又瘦的臣民叫分针。 |
| 14 | 再次出现臣民们卖力、有节奏工作的画面 | |
| 15 | 天天看着臣民们劳动的情景进行评价的画面 | 天天：看来分针太勤奋，脚步走得太快，时针太懒惰，总是慢腾腾的。 |
| 16 | 博士进入画面 | 博士：分针走一小步是一分钟，走一大步是五分钟；时针走一大步是一小时。 |
| 17 | 万事通呵呵笑的画面 | 万事通：时针走一大步够分针走1圈了，呵呵。 |
| 18 | 波波大笑的画面 | 波波：哈哈，原来分针是累瘦的。 |

| 镜头序号 | 画面内容 | 声音内容 |
|---|---|---|
| 19 | 钟表丞相带领大家走进钟表博物馆的画面 | |
| 20 | 天天惊讶的画面 | 天天（惊讶）：原来钟表家族也有着这么源远流长的历史！ |
| 21 | 博士头顶上方出现一只手的画面 | 博士：苏美尔人用一只手的大拇指为指针，数其他四指的指节（每根手指 3 节），就得到 12，再用另一只手五指进行计数，就得到 $12 \times 5 = 60$。 |
| 22 | 妮妮感慨的画面 | 妮妮：真神奇，竟然用手掌也能计算时间。 |
| 23 | 波波大笑的画面 | 波波（旁白，大笑状）：呵呵，我也会了。 |
| 24 | 万事通出现在画面中 | 万事通：苏美尔人最早使用 60 进位法进行天文观测和历法计算，日后也传给西亚各族。 |
| 25 | 钟表丞相带领他们往前行走的画面 | |
| 26 | 妮妮疑问的画面 | 妮妮：古时候一天也按 24 小时计算吗？ |
| 27 | 钟表丞相出现 | 钟表丞相：当然不是啦。 |
| 28 | 波波提问的画面 | 波波：钟表为什么要分 12 个大格呢？ |
| 29 | 天天也凑过来发问的画面 | 天天：谁统一的呢？ |
| 30 | 万事通解释的画面 | 万事通：起初，古埃及人把白天定为 10 小时，夜晚定为 12 小时。后来发现白天和黑夜的长短随着四季的变化而变化，于是把一昼夜均匀地分为 24 小时，每小时为 60 分，每分为 60 秒。 |
| 31 | 博士补充的画面 | 博士：这种计时方法一直沿用到今天，成为全世界公用的时间计量单位。 |
| 32 | 大家与国王、丞相告别的画面 | |
| 33 | 博士、妮妮、波波、天天走在路上的画面 | |
| 34 | 波波惊叹的画面 | 波波：没想到时间的背后是那么神奇！ |
| 35 | 天天附和的画面 | 天天：是呀，时间王国也充满着说不尽的有趣故事。 |

| 镜头序号 | 画面内容 | 声音内容 |
|---|---|---|
| 36 | 博士点头的画面 | 博士：今后我们还会到时间王国了解更有趣的故事呢。 |
| 37 | 妮妮期盼的表情画面 | 妮妮：好期待呀！ |
| | 拓展与应用 | |
| | 1. | 旁白：给你周围的人讲一讲有关时间的故事。 |
| | 2. | 旁白：搜集生活中与时间相关联的知识。 |

## 三 童话数学漫画

在学习数学的过程中，学生们最头疼的就是一些看似简单，做起来却无从下手的易错题。针对这个问题我使用童话漫画的形式进行诠释，这样就能在童话故事中释疑解难，从而使数学方法的运用有了一个抓手。

如阴影部分面积易错题的原型是这样的：

题目：

求下图中阴影部分面积：

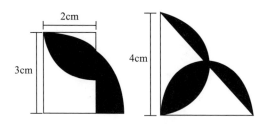

涉及的知识点：面积的概念、各种图形面积计算公式。

小贴士：

求阴影部分面积有一些简单的图形，可以利用公式直接求解；对于一些复杂的求阴影部分的面积要注意其中的技巧性。例如：

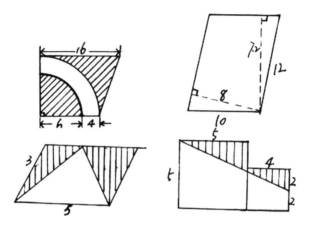

错误分析:

不会注意观察,面对图形无法下手。

解决方法:

这类题目可以设计以下几个活动层次进行感知:

| | 第一层次 | 第二层次 | 第三层次 | 第四层次 |
|---|---|---|---|---|
| 活动内容 | 观察:图中由哪些图形构成 | 思考:这些图形能否单独计算出各自的面积 | 思考:求和或求差时,是否有重复计算现象 | 思考:重复区域如何解决 |

就本题而言建议进行如下思考:

图 1,阴影部分的面积 =(半径为 3 的 1/4 圆面积 + 半径为 2 的 1/4 圆面积)- 长方形面积。

图 2,阴影部分的面积 = 两个 1/2 圆面积 - 三角形面积。

解题的详细过程:

图 1,阴影部分的面积:

$$\frac{1}{4}\pi \times 3^2 + \frac{1}{4}\pi \times 2^2 - 3 \times 2$$

$$= \left(\frac{13\pi}{4}\right) - 6$$

$$= 4.205\ (\text{cm}^2)$$

图 2，阴影部分的面积：

$$\pi \times (4 \div 2)^2 - \frac{1}{2} \times 4 \times 4$$
$$= 4\pi - 8$$
$$= 4.56 \, (\mathrm{cm}^2)$$

解题的小诀窍：

阴影面积很简单，

关键学会分解它。

相互组合有技巧，

斟酌求和或求差。

以下是以漫画的形式呈现这一易错题的解题方法：

其实这样的童话数学漫画的格式大致如下（以九宫格为例）：

### 神奇的"幻方"

【数学内涵】简便运算、找规律、归纳与推理；【内容】数与代数；【呈现】数学故事。

1. 正逢周末，博士一个人在家悠闲地看着电视，这时妮妮、天天、波波三人来到他家。

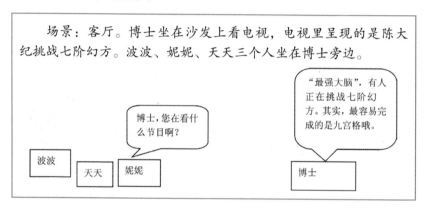

2.

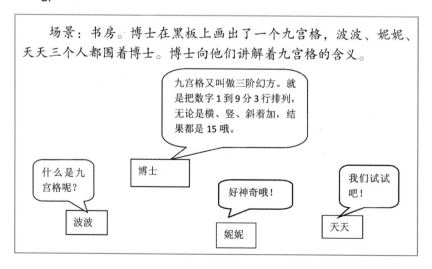

博士耐心地讲起了"九宫格"的含义，小朋友们都好奇极了，拿起纸笔跃跃欲试，要比一比谁最早把九宫格填出来呢！

3.见小朋友们百思不得其解，博士很快地就写出了多种答案，大家都感到非常惊讶。

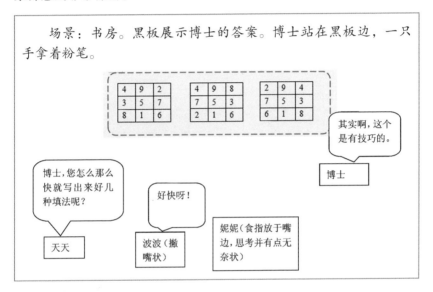

4.

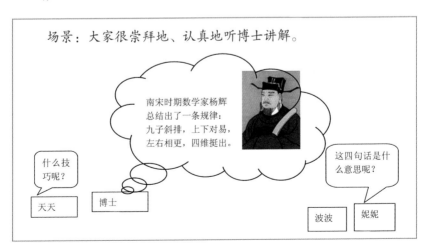

5.

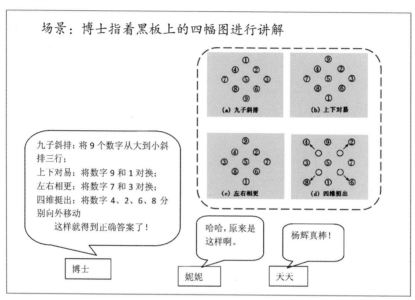

博士仔细地给大家讲解了杨辉总结的规律，大家都听得可认真了。问题来了，杨辉只讲了一种方法，可是博士为啥能写出三种答案？

6.

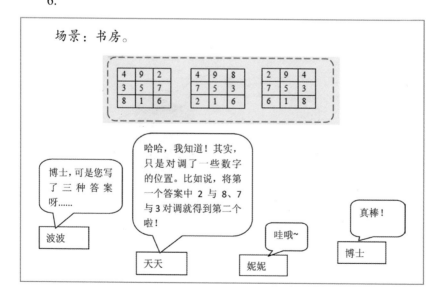

7.博士又提出一个更难的问题，让大家都开动脑筋。

场景：书房。天天、妮妮都各自拿着笔填写九宫格，呈现出不同的姿势。例如，一人认真填写，一人手托着下巴思考······波波为开心状。

如果把数字 11 至 19 填入九宫格，分 3 行排列，不论是横、竖、斜着加结果都是 45。怎么填呢？

博士

额...

天天（抓耳挠腮状）

哈哈，我写出来啦！

波波（高兴，一手举起稿纸）

咦？

妮妮（认真填写中）

知识拓展

1. 小朋友，你能帮助天天和妮妮找出正确答案吗？试着写出多种答案。动手写一写，你能行！

2.读一读

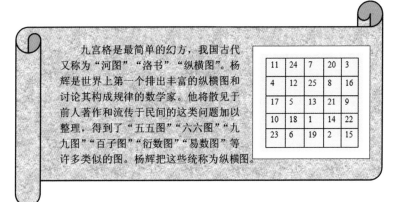

九宫格是最简单的幻方，我国古代又称为"河图""洛书""纵横图"。杨辉是世界上第一个排出丰富的纵横图和讨论其构成规律的数学家。他将散见于前人著作和流传于民间的这类问题加以整理，得到了"五五图""六六图""九九图""百子图""衍数图""易数图"等许多类似的图。杨辉把这些统称为纵横图。

| 11 | 24 | 7 | 20 | 3 |
| 4 | 12 | 25 | 8 | 16 |
| 17 | 5 | 13 | 21 | 9 |
| 10 | 18 | 1 | 14 | 22 |
| 23 | 6 | 19 | 2 | 15 |

## （四）童话数学绘本

童话数学绘本就是用简短的、富有趣味的故事串联起数学知识点，它异于漫画，因为画面形式没有上面的漫画形式复杂，仅仅靠插入的文本框呈现数学思考。

比如人教版六年级下册各个知识点的呈现：

### （一）神奇的漩涡

"小灵鱼妈妈去哪里了？"淘气问。

"去了灵鱼村。"大魔镜回答。

"难道是你们送走的它们？"笑笑不敢相信魔镜的魔力竟然这么大。

"其实我们也不想这样，可是灵鱼太凶，不送它们的话就会要了我们的小命。"小魔镜哭丧着脸说。

"这些已经不重要，快说是怎么送走它们的？灵鱼村在哪里？"淘气最想知道这些。

大魔镜让大家闭上眼睛站到它的跟前，因为人数太多，让另一部分人站到小魔镜的跟前。

这时大魔镜开始旋转，逐渐加速，最后竟然变成了一个上下两底面是大小相等的圆、侧面是一个曲面的圆柱体。

> 智慧在线：
> 认识生活中的圆柱体，说一说圆柱体的特点是什么？

小魔镜也开始旋转，但由于小魔镜的年岁较小，魔力不够，在旋转的过程中，顶部逐渐变小，最后竟然变成了一个底部是圆形、顶部尖尖的圆锥体。

> 智慧在线：
> 认识生活中的圆锥体，说一说圆锥体的特点是什么？

"1、2、3，走你。"随着大、小魔镜一声口令，淘气与笑笑就感觉耳边一阵嗖嗖的声音，他们不敢睁开眼睛，两手紧紧抓住圆柱与圆锥的高线。

## （二）灵鱼村

没过多久，淘气感觉没了动静，就慢慢睁开了眼睛。

"这是哪里呀？"笑笑睁开眼睛就问。

"不知道，看情形我们现在已经不在海底了，看能否遇到一个人打听一下。"淘气建议。

"这里的房子好奇特，都是圆柱体，他们很会省工省料。"笑笑惊奇地说。

"是呀，我发现他们在盖房子的时候把一个长方形的芦席立起来，然后卷成筒状，再然后为了防潮就在底部加了一个底，为了防雨就在顶部加了一个圆圆的盖子。"淘气一眼就看出房子的设计技术。

"这样要设计恰当才行，不然侧面与底面尺寸不符合。"章鱼王子担心。

"这个简单，侧面积 = 底面周长 × 高，底面积 =$\pi r^2$，只要这两个数据错不了，盖完后肯定很美观。"淘气解释说。

> 智慧在线：
>
> 如何求圆柱体的表面积？举例说明。

"快看，这里有个牌子。"海鳗王发现了一个标志物。

"灵鱼村。"淘气一边看着牌子上的字，一边高兴地对大家说："这就是灵鱼村！"

## （三）灵鱼食品

虽然他们找到了灵鱼村，但是令他们奇怪的是，在灵鱼村里却看不到一个人影，显得很是荒凉。

"快看，那里有个老灵鱼。"淘气指着前方告诉大家。

大家顺着淘气手指的方向看去，果然，有个老灵鱼在步履蹒跚地干着什么。

他们快步走到老灵鱼跟前。

"请问您在干什么？"淘气很礼貌地问。

"我在制造我们这个村子的村民用的食品。"老灵鱼头也不抬地说。

"你一个人呀？那怎么制造呢？"笑笑很是好奇。

"我这里有个圆柱体的模型，把一些半成品倒进圆柱体模型里，等凝固后，整体倒出来，然后竖着平均分成 64 等份进行晾晒，等水分全部蒸发掉后，把它们再拼成一个长方体进行储存，随时可以食用的。"老灵鱼这才抬起头对笑笑说。

"还是第一次听说这样做食品，这样做出的长方体食品就与原来的圆柱体食品体积是相等的，都是 V=Sh。"淘气对这些做法很感兴趣，他挽了挽衣袖，也帮老灵鱼做了起来。

> 智慧在线：
> 说一说圆柱的体积是怎么推导出来的，举例说一下知道圆柱的底面半径如何求圆柱的体积。

### （四）爱劳动的淘气

淘气很是爱劳动，只见他挽着袖子还真像一个熟练工，其他人也来帮忙。

笑笑负责往圆柱体的模具里添加半成品。

添加半成品的工具是一个圆锥体的勺子。

笑笑发现，用这个圆锥体的勺子只需添加三次半成品，就能把那个等底等高的圆柱体加满。

"看着点。圆柱体的体积等于与它等底等高的圆锥体的体积的三倍。"笑笑对章鱼王子说。

"看着呢，我发现圆锥体的体积 $V=1/3Sh$。"章鱼王子观察得很是仔细。

> 智慧在线：
> 说一说圆锥的体积是怎么推导出来的，举例说一下知道圆锥的底面半径如何求圆锥的体积。

大家忙得都把正经事给忘了。

（五）当年繁荣的灵鱼村

还是淘气第一个想起来。

"请问你知道小灵鱼的妈妈吗？"淘气突然问老灵鱼。

"你问这个干什么？"老灵鱼突然警觉起来。

淘气把帮助小灵鱼找妈妈的经历说了一遍。

老灵鱼听了，竟哗哗地流出了眼泪："唉，现在已经不是原来的灵鱼村了，原来的灵鱼村山清水秀、鸟语花香，一派安逸繁荣景象，我们的房屋设计也都是统一规划，大房子的高与半径的比是12:6，小房子的高与半径的比是8:4。灵鱼村的百姓们个个都生活得快乐、安详。"

> 智慧在线：
>
> 这两个比能否组成比例？那么什么是比例呢？

"确实很一致，因为都是按照统一的比例来设计，看来设计者也是个数学迷，它很清楚比例的基本性质，即两个外项的乘积等于两个内项的乘积。"笑笑仿佛看到了老灵鱼描述的繁荣景象。

> 智慧在线：
>
> 比例的基本性质的具体内容是什么？

（六）魔豆

"那后来为啥呢？"淘气急切地问。

"后来小灵鱼的爸爸种植了一棵神奇的植物，这棵植物生长很快，4 天能长高 14 米，25 天后，停止生长，但我们感觉它已经长到云朵里去了。"老灵鱼说。

"用比例算一下的话，14:4=$x$:25，不像你想象的那么高，仅仅87.5 米。"笑笑纠正说。

> 智慧在线：
> 如何根据上面给定的比例来解比例？

"但对我们来说已经很高了，这棵神奇的植物开始结出果实，最初大家都没感觉到有什么异常，但后来发现大家经常产生幻觉，这还不算，小灵鱼的爸爸还经常拿果实给一些年轻人吃，这些年轻人吃完一段时间后都神秘失踪了，它还让大家叫它灵鱼王。后来小灵鱼的爸爸也不见了踪影。"老灵鱼继续说。

"可能就是我说的那些魔豆。"雪怪突然插话说。

## （七）寻找灵鱼王

"听说他又回来了，还带回来小灵鱼的妈妈。"淘气说。

"是的，但现在村子里已经这么荒凉，不知道它来了要干什么？"老灵鱼摇摇头叹了一口气。

"灵鱼王现在在哪里？它的魔豆还有吗？"笑笑问。

老灵鱼没有说话，而是顺手拿出一张地图。

淘气发现这是一张灵鱼村的手绘地图，虽然是手绘，但是方向指示标志、比例尺等都很详细。

> 智慧在线：
> 比例尺分为哪两类？

"这张地图的图上距离 1cm 代表实际距离 100m。灵鱼王的位置就在图上距离的 12cm 处。"老灵鱼指着地图说。

"那比例尺应该是 1:10000，根据图上距离与实际距离的比就是比例尺，那么，灵鱼王就在距离我们 1200m 的地方。"淘气很快确定了灵鱼王的位置。

这次寻找灵鱼王，雪怪走在最前面，它恨不得马上找到灵鱼王，狠狠揍它一顿。

> 智慧在线：
>
> 根据以上情景，能求出图上距离吗？

## （八）暗暗观察

他们很快就来到了灵鱼王的住所附近。

为了以防万一，他们先悄悄隐蔽在住所周围观察一下情况。

"那里有一大一小两间圆柱形的房子，大房子按照高与半径的比是 36:16 建造的，小房子的高缩小到原来的 1/4，半径也缩小到原来的 1/4，然后按照高与半径的比是 9:4 建造的。"老灵鱼小声对淘气说。

> 智慧在线：
>
> 以上两个比能否组成比例？它们是根据什么性质进行放大与缩小的？

"那棵生长魔豆的植物呢？"淘气问。

"在房子后面。"老灵鱼用手指了指。

淘气顺着老灵鱼手指的方向看去，确实看到了一株很高很高、枝繁叶茂的大树。

## （九）漂亮的灵鱼

"快看，有情况。"笑笑打断了他俩的交谈。

只见那个大的圆柱形房子的门把手顺时针方向旋转了 90 度，门就慢慢打开了，从里面走出来一个与小灵鱼长得一模一样的灵鱼，只不过个头很大，比老灵鱼的个头还要大。

"灵鱼王。"雪怪与老灵鱼同时对淘气说。

只见灵鱼王伸了个懒腰，然后手逆时针方向旋转了 90 度打开小的圆柱形房子的大门。

> 智慧在线：
> 在格子纸上画出一条线段旋转 90 度
> 后的示意图。

"快干活。"灵鱼王恶狠狠地对着屋子里面大嚷。

随着灵鱼王的一阵吆喝，从房子里走出一位美丽的年轻灵鱼。

"这就是小灵鱼的妈妈。"老灵鱼介绍说。

但淘气很不明白，为什么灵鱼王这样对待自己的妻子呢？

## （十）旋转水车

淘气就在不远处静静观察着灵鱼王的一举一动。

只见灵鱼王把小灵鱼的妈妈带到魔树的跟前，魔树旁边有个古老的旋转水车，小灵鱼妈妈吃力地用手顺时针方向旋转水车 90 度，然后再顺时针方向旋转水车 90 度……旋转速度越来越快，直到旋转水车自己转动起来，旋转水车里兜住的水一下下都被灌进魔树的树坑里。

智慧在线：
在格子纸上画出一条线段旋转 90 度
后的示意图。

小灵鱼妈妈累得满头大汗。

灵鱼王站在一旁冷漠地观察着。

"我们只有救出小灵鱼的妈妈才能弄明白一切真相。"淘气决定救出小灵鱼的妈妈。

"但现在不行，只能等到夜晚。"

（十一）搭救小灵鱼妈妈

夜深了，大家即使在外面也能听到灵鱼王呼呼的鼾声。

淘气示意大家慢慢靠近小灵鱼妈妈的房间。

淘气走到大门跟前，也学着灵鱼王的方法去旋转大门的把手，但却打不开。

"谁？"门里面，小灵鱼的妈妈听到响声警惕地低声询问。

"我们是小灵鱼的朋友，小灵鱼现在病得很厉害，它很想见到你。"淘气声音低低地对里面说。

"你用这个办法是打不开的，我在里面也打不开，但我可以教给你方法，你按照我说的去做。"小灵鱼妈妈说，"你看到门上面的格子了吗？"

"看到了。"

"你只要通过旋转和平移把七巧板外面的一个平行四边形、一个三角形移进七巧板里面去，大门就会自动打开。"

"好的，我试试。"

"旋转时，先确定相应的线或点的位置；平移时，关键是要数清楚格子，找好对应的点。"笑笑见淘气开始移动图形就在一旁提醒说。

淘气小心地旋转着、平移着，只听"咔嚓"一声，大门真的自动打开了。

> 智慧在线：
> 在格子纸上画出一个三角形旋转 90
> 度后的示意图。

## （十二）留给灵鱼王的漫画

淘气终于见到小灵鱼的妈妈了，因为现在处境很危险，他们来不及详细解释，现在必须马上离开这里。

"慢着，我要给灵鱼王一件礼物。"淘气调皮地说。

只见淘气说完，就顺手拿起一支笔在墙上画了一幅四花瓣图案，然后又变成一幅外圆内方的图案。

"别惹事了，快走吧。"胆小的笑笑等不得淘气画完，就拽起他的衣袖往外跑去。

> 智慧在线：
> 根据旋转与平移的知识自行设计图
> 案。

## （十三）魔树的生长

他们躲到了一个秘密的地方。

"灵鱼王怎么把你捉到这里来了？它为什么让你浇灌魔树？魔豆到底怎么回事？……"淘气有太多的不明白想问小灵鱼妈妈。

"魔树也与其他树一样，随着温度的变化而有着不同的生长速度，温度高的时候生长快，温度低的时候生长慢。"小灵鱼妈妈详细地告诉淘气说。

"这是两个相关联的量，我知道的，我现在最想知道怎么才能打败灵鱼王。"淘气有些着急。

> 智慧在线：
> 举例说明两个相关联的量是怎么变化的？

### （十四）魔豆的秘密

"魔树是一棵有灵气的树，生长很快，一天长高 3.5 米，两天长高 7 米，3 天长高 10.5 米，4 天长高 14 米，5 天长高 17.5 米……结出的果实能强身健体，但不知道什么原因，只要我浇灌后，果实就会变成魔豆，能操纵人的神经，使身体发生意想不到的改变，灵鱼王想独霸天下，所以它储存了很多魔豆，并让很多人服用，以便控制他们，听从它的指挥。"小灵鱼妈妈解释说。

> 智慧在线：
> 用列表法描述上述情景，并做简要总结。

"看来魔树的生长很正常，时间变化，高度也随着变化，并且高度与时间的比值一定，高度与时间这两个量是成正比例的。但魔豆就不正常了。怎么才能把魔树根除呢，使灵鱼王不再利用魔豆作怪，这样就能削弱灵鱼王的嚣张气焰。"淘气分析说。

"我儿子还好吧？"小灵鱼妈妈没有回答淘气的问题，而是突然转换了话题。

"情况不太好。"淘气叹了口气，并把小灵鱼的情况详细地告诉了小灵鱼妈妈。

小灵鱼妈妈边听边流泪，最后竟然呜呜呜哭了起来。

## （十五）小灵鱼妈妈的决定

大家见小灵鱼妈妈悲伤的样子，情不自禁地也流出了眼泪。

"现在情况很是危险，灵鱼王想用魔豆来控制整个世界，它一天控制 10 个人，2 天可以控制 20 个人，3 天控制 30 个人，长期下去是很可怕的。小灵鱼大概也服用了灵鱼王的魔豆，现在几乎昏迷不醒。"淘气对小灵鱼妈妈说。

"是呀，这是一个正比例，会成倍地增加下去。"笑笑拿出一张分别标注着（1，10）、（2，20）、（3，30）、（4，40）……正比例的直线图示给小灵鱼妈妈看。

> 智慧在线：
> 用描点法表示上述各点，这两种相关联的量成什么比例？

"我原来也是被灵鱼王控制，变成了现在这个样子。"雪怪也凑过来搭话。

"我要与它同归于尽。"听到这些，小灵鱼妈妈恨得咬牙切齿。

## （十六）同归于尽

小灵鱼妈妈对淘气说："小灵鱼就交给你们照顾了，有件礼物请转给我的孩子，看到这件礼物它就能看到自己的妈妈。"

说完就离开隐蔽点，朝魔树走去。

"不要去，会惊动灵鱼王的。"淘气阻止说，但小灵鱼妈妈理也不理径直往前走去。

只见它用力旋转水车，水车的水又一下下哗哗地流进魔树的身体里。

"不要，不要，不要这样，危险！"老灵鱼大喊。

淘气他们不明白老灵鱼为啥这样声嘶力竭地阻止。

"这棵魔树每天仅仅需要小灵鱼妈妈浇灌24下，即转动水车24圈；如果浇两次的话，每次浇12下；如果浇3次的话，每次浇8下；如果浇4次的话，每次浇6下。"老灵鱼说。

"哦，这是一个反比例，乘积一定，那又怎样呢？"淘气他们都不明白。

> 智慧在线：
> 用描点法表示上述各点，这两种相关联的量成什么比例？

"很严重的，这样的话，超过规定次数，魔树的自身温度就会骤然上升，越来越热，会发生自燃，肯定会惊动灵鱼王，小灵鱼妈妈会没命的。"老灵鱼急得直跺脚。

果然，大家的喊声与水车的声音惊动了灵鱼王。

"你在干什么？"灵鱼王大声呵斥小灵鱼妈妈。

小灵鱼妈妈丝毫没有理会灵鱼王，用力摇动着水车，哗啦啦、哗啦啦……

魔树的体温越来越高。最后竟然燃烧起来，灵鱼王赶紧用树枝扑打火苗，就在这时，小灵鱼妈妈不知哪来的劲头，一把抓过灵鱼王，拉着他一起跳进火海。

灵鱼王在火里挣扎着，但却被小灵鱼妈妈死死抓住。

"孩子们，照顾好小灵鱼。"小灵鱼妈妈对着淘气大喊。

大家噙着泪水目睹着小灵鱼妈妈的壮举。

## （十七）重整家园

笑笑泣不成声。

淘气他们也个个泪流满面，是呀，灵鱼王被消灭了，但小灵鱼却失去了一位伟大的妈妈。

"快看，我变回来了。"雪怪突然惊奇地发现。

"你要感谢小灵鱼妈妈，是它用生命阻止了这场灾难的蔓延。只有烧掉魔树你们才能回到从前；只有与灵鱼王同归于尽，才能斩草除根，杜绝后患。"老灵鱼意味深长地说。

雪怪面向小灵鱼妈妈的位置深深地施了一礼。

就这样，被迫吃了魔豆的灵鱼村的村民们也都重新回到了自己的村子里。

淘气带领大家重新设计灵鱼村。

灵鱼村变得更加漂亮了。

> 智慧在线：
>
> 如何设计绘制平面图？试试看。

## （十八）妈妈的礼物

小灵鱼在灵塔的期限已经到了。

淘气他们建设好灵鱼村之后也都回到了海底金字塔。

翡翠章鱼也告诉大家从前失踪的兄弟姐妹也都回来了。

"妈妈呢？我的妈妈怎么没有一块回来？"小灵鱼瞪着大眼睛问淘气。

淘气紧紧抱住小灵鱼，一句话也说不出来。

"你有一位伟大的妈妈，它为了拯救海洋、拯救灵鱼村而离开了我们，这是你妈妈最后送给你的礼物。"章鱼王强压着悲伤说。

小灵鱼一下子明白了，泪水顺着脸颊流了下来，它打开盒子，里面躺着一条翻折后黏在一起的纸环。

"莫比乌斯带！"笑笑一下子认出来。

> 智慧在线：
> 谈谈你对莫比乌斯带了解多少。

淘气拿过纸环耐心教小灵鱼怎么玩这个神奇的纸环。

小灵鱼把纸带贴在脸上，低声细语："谢谢妈妈，谢谢妈妈，我会想您的。"

听了小灵鱼的低语，大家不由又流出了眼泪。

## （十九）各自为王

为了大家的和平共处，淘气与大家一起制定了分块管理的办法。

章鱼王负责太平洋海域。

章鱼王很有管理头脑，它把太平洋海域的各种海洋生物先按照食肉与食草分成两大类，一类起名为整数，一类起名为分数。又把整数分了三个团队：正整数、0、负整数；把分数分了两个团队，一个是正分数，一个是负分数。

为了联系方便，章鱼王特地在海底修了一条像数轴一样的高速公路，王国的成员们都分布在路的两边。

先是整数的成员。

接着是小数、分数、百分数的成员。

再往前走就是数的运算。

后来是式与方程。

接着是正比例和反比例。

在以上各个领域，都离不开一个建设功臣，那就是工程师——"常见的量"，是它们给王国的成员建造王国送去了不同的度量工具。

这些都是后话。

> 智慧在线：
> 用思维导图画出数与代数的相关联知识。

## （二十）新的灵鱼王

小灵鱼也该走了，它要肩负起重建灵鱼村的职责，它要成为一个新的灵鱼王。

"好好干，我与笑笑会去看你的。"淘气鼓励说。

"我们灵鱼村现在的房子太单一，我要把我们灵鱼村的房子先按照平面图形进行设计，然后变成一个个立体图形的房子，以后你们一定要来看我。"小灵鱼把自己的计划告诉淘气。

"一定去，你在设计的时候一定要注意数据的准确性。"淘气说完就把测量工具送给小灵鱼，并告诉它所有的长度、面积、体积的测量单位。

"还要注意图形的位置与移动规律，这样设计更美观。"笑笑补充说。

小灵鱼点点头，顺手送给淘气一根魔法棒，说："让它送你回家。"然后依依不舍地离开了。

> 智慧在线：
> 用思维导图画出图形与几何的相关联知识。

## （二十一）重回翡翠湖

海鳗王还是要回到自己的领地去做翡翠湖的海鳗王。

它决定用条形统计图、折线统计图、扇形统计图等多种方式详细调查南极洲的地理地貌，然后对翡翠湖进行扩建；再与企鹅国王联手把冰山上存在的可能与不可能的因素都找出来进行数据分析，成立一个南极洲度假圣地。

"这个主意好。"淘气与笑笑夸奖说。

> 智慧在线：
> 用思维导图画出统计与概率的相关联知识。

## （二十二）重感情的螃蟹

"建议抹香鲸担任整个海洋世界的和平使者。"笑笑对淘气说。

"嗯，这个主意好。"淘气点点头。

"你带我走吧，我不想离开你们。"螃蟹、水母、小虾、狮子鱼都可怜巴巴地央求淘气与笑笑。

"不行的，你们终究是水族，一刻也不能离开水，大海才是你们的家，放心吧，我会来看望你们的。"淘气说着眼睛湿润了。

"我最不放心的就是螃蟹，你思考问题太简单，你今后要学会解决问题的办法，学会用画图、列表、猜想与尝试、从特例开始寻找规律等方法，记住了吗？"笑笑边说边流泪。

"呜呜呜，记住了。"螃蟹哇哇大哭起来。

淘气与笑笑决定把穿海神舟留给螃蟹。

> 智慧在线：
>
> 用思维导图画出解决问题的相关联知识。

## （二十三）尾声

"我们也该回去了。"淘气笑着对笑笑说。

"嗯，我们终于能见到妈妈了，咯咯咯咯。"笑笑笑了。

只见淘气拿出小灵鱼临走的时候送给他的魔法棒，一声："咕咕锵，小灵鱼，走！"

淘气与笑笑瞬间也像鱼儿一样游弋于大海之间。

他们笑着、唱着、追逐着、嬉戏着……

他们仿佛又看到爸爸、妈妈已经准备好热气腾腾的饭菜在等待自己……

## 五 数学文化渗透

数学并不仅仅是一门只有数字和符号的枯燥学科，掌握数学知识也不是单纯的为了应试。数学本身蕴含丰富的文化、思想、方法、观点，更有着数学史、数学美、数学教育，数学亦与人文、社会有着密切的联系。所以，我们认为应该从小学起就重视数学文化的渗透，让每个孩子因为数学学习从而养成良好的数学学习品质，促进其他学科素养的形成，让每个孩子因为具备完善的数学体系，会欣赏数学之美，喜爱数学学习，成为生活的智者，拥有成长的幸福。

## （一）教学方法的渗透

如人教版三年级接触的面积与周长问题：

孙悟空以为是妖怪来到了猪八戒的身后，因此举起金箍棒就打，还好这次是打在猪八戒身后的石头上，直打得火星直冒。

"大圣饶命。"没想到石头后面还真有一人，看到悟空的金箍棒打过来赶紧躲在石头后面。

"土地老儿，怎么是你？"悟空见从石头走出来的人儿是本地土地爷，惊奇地问。

"各位圣僧别来无恙，我这也是看到圣僧故地重游，前来迎接。"土地公公回答说。

"你这样偷偷摸摸的，差点要了你的小命。"孙悟空没好气地说。

"不瞒各位，小老儿来见各位还有一事相求。"土地公公有板有眼地说，"我想把木仙庵的土地面积划分两块。"

土地公公边说边拿出图纸展示给大家看。

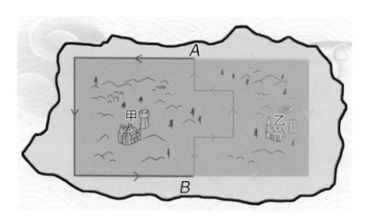

"自从这里十个妖怪被各位圣僧消灭后，我想把木仙庵扩建成甲乙两座庵堂，在这片长方形的土地上，A、B是这个长方形土地两边上的中点，并在甲乙两座庵堂四周修筑一条道路。"土地公公陈述说。

"善哉善哉，土地公公真是功德无量呀。"唐僧称赞说。

"可是土地婆婆却坚决反对，她的理由是这样修筑的甲乙两座庵堂的四周的周长不是一样长。"土地公公急切地说。

唐僧一听笑了，说："你可以跟她讲明道的。你瞧，甲的周长 =a+b+a+c+d+e+f+g，乙的周长 =a+b+a+c+d+e+f+g，很显然甲的周长 = 乙的周长。"

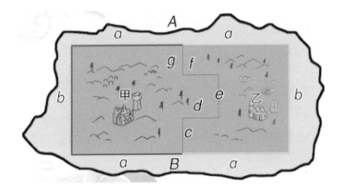

"有了这个算式我就能说明白了。"土地公公高兴地说。

"土地老儿，有一点记住了，周长是相等的，面积千万别弄成相等的了。"孙悟空叮嘱说。

"这个自然，面积很明显地能看出来不相等。甲的面积 =a×b+d×e，乙的面积 =a×b−d×e"土地公公回应说。

正当大家讨论的时候，在清理木仙庵的小猴子们突然像炸了锅，并且都惊慌失措地跑到孙悟空的身边来。

"怎么回事？"孙悟空问。

"妖怪……来……了。"小猴子结结巴巴地说。

"不会吧？"八戒一听，拿起钉耙就向前面寻找妖怪踪迹。小白龙、沙僧也紧随其后。

在教学时，首先加强对周长的充分认识。将对周长的感知设计了四个层次：

| | 第一层次 | 第二层次 | 第三层次 | 第四层次 |
|---|---|---|---|---|
| 活动内容 | 一笔画出一个美丽的图案（学习提示：一笔画，就是从起点开始用一笔，画出图形的外部形状，再回到起点为止，中间不能有间断，不能有重复）。 | 让学生比划出平面图形以及实物的周长。 | 想办法测量出图形和实物的周长，尤其要展示出不规则实物（如树叶）的周长，通过将绳子围一圈得到认识：这条线段（这条线）的长度就是物体的周长，很好地感知出周长的本质意义。 | 假设长为 2a 厘米，宽为 b 厘米， 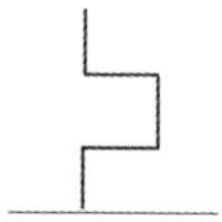<br>上图中短线段的长度假设每条各为 c 厘米、d 厘米、e 厘米、f 厘米、g 厘米，然后解决问题。 |

以后学习了面积，还要特别加强周长与面积的区别：从它们的意义、度量单位及所展示出的表象，加以再认识，从而两者之间的概念更加清晰。

## （二）数学史的渗透

数学教材关于数学史的数学文化有很多，比如人教版四年级关于自然数的认识：

　　孙悟空、小白龙依照观音菩萨的吩咐坐时光云朵去寻找救治猪八戒疯病的药方。
　　他们首先来到大约 3 世纪的古印度，在这里他们发现古印度人发明了一种特殊的数字。

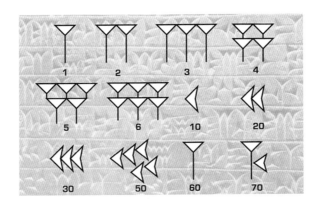

他们顾不得这些，因为找寻古桑叶才是他们的任务，因此他们就在古印度搜寻了一些古桑叶，然后来到了古阿拉伯。

"听说我们刚才看到的印度数字后来传到了阿拉伯。"小白龙说。

"是呀，大约在 12 世纪时，阿拉伯商人把印度数字带到欧洲，欧洲人误认为是阿拉伯人发明的，所以称它们为阿拉伯数字。"孙悟空回答说。

"这岂不是阿拉伯人拾漏了？"小白龙开玩笑地说。

"哈哈，看来是。"孙悟空点点头，随后他们就在路边找到了古桑树，并把上面的桑叶摘了个精光。

$$1, 2, 3, 8, 4, 5, 7, \langle, \Gamma, 1\circ$$

$$1, 2, 3, 8, 4, 6, 7, 9, 9, 1\cdot$$

$$1, 2, 3, 4, 5, 6, 7, 8, 9, 10$$

$$1, 2, 3, 4, 5, 6, 7, 8, 9, 10$$

"桑叶的数目够了，我们该去找古藤木了。"小白龙边清点边说。

随后他们就来到了 2000 多年前的中国，在这里他们看到中国古人用算筹计数。

巴比伦数字：▼　▼▼　▼▼▼　▼▼▼　▼▼▼　▼▼▼　▼▼▼▼　▼▼▼　▼▼▼

中国数字：　｜　｜｜　｜｜｜　｜｜｜｜　｜｜｜｜｜　丅　丅丅　丅丅丅　丅丅丅丅

罗马数字：　Ⅰ　Ⅱ　Ⅲ　Ⅳ　Ⅴ　Ⅵ　Ⅶ　Ⅷ　Ⅸ

"起先没有 0 的记法，刚出现时，它还不是用圆圈，而是用点来表示。至于何时由点转为圆，具体时间已无从考证，但在公元 876 年，人们在印度的瓜廖尔地方发现了一块刻有'270'这个数字的石碑。这也是人们发现的有关'0'的最早的记载。"悟空告诉小白龙，"用算筹记数有纵式和横式两种摆法。"

纵式：　｜　｜｜　｜｜｜　｜｜｜｜　｜｜｜｜｜　丅　丅丅　丅丅丅　丅丅丅丅

横式：　一　二　三　亖　亖　⊥　⊥　⊥　⊥

"那怎么表示一个数？0 怎么表示？"小白龙追问道。

"用纵横相间的方式表示一个数，比如 二Ⅲ 表示 29，丅三Ⅱ 表示 632；空一位表示 0，比如 Ⅲ 丅 表示 306；后来又改成不同的方式表示 0，比如 二Ⅱ□Ⅲ 表示 2703，这里用□表示 0，约在元朝，他们用〇表示 0，比如 Ⅲ二〇⊥Ⅰ 表示 32061。"孙悟空回答。

"这个 0 倒是很特别。"小白龙说。

"是呀，当时罗马帝国有一位数学家在印度人的算数书里发现了'0'这个符号，兴奋极了。原因在于有了这个数字之后，对数做计算很方便。然而，当时的教皇却认为'0'就像一个怪物，下令不允许使用。如果有人使用，就是亵渎上帝，这个帽子可大了，要知道当时西方的教皇权力比皇帝还大，谁敢惹啊？然而，一纸禁令，终究禁不住'0'的重要性，时间流逝，罗马数字竟然被阿拉伯数字代替而淘汰！关于数字 0 的重要性，中国古代也有发现。'0'在我国古代叫做金元数字，意即极为珍贵的数字。"孙悟空这次知道的还真多。

"快看，古藤木！"小白龙首先发现了他们要找的东西。

就这样，所有的药品都备齐后，他们在中国又寻到了苏州花码。为了八戒的安危，他们顾不得欣赏这美丽的古代风景，一切都装备妥当，马上返程来到了朱紫国。

这时的猪八戒已经快要撑不住了，国王赶紧吩咐士兵熬药，之后便让八戒服下。可别说，菩萨的药方很是神奇，八戒服下之后，很快就恢复了原来的样子。

看到八戒又活灵活现地站在自己面前，唐僧这才长舒了一口气。

在这里讲述的就是关于自然数的数学文化，表示物体个数的数都是自然数，比如 0、1、2、3、4、5……；最小的自然数是 0，没有最大的自然数，自然数的个数是无限的。

## （三）解题方法的渗透

如五年级的解方程问题就渗透了寻找突破口的解题方法：

悟空一个筋斗十万八千里，虽然没有遭受五色神光的伤害，但眼睛还是有点不舒服，因此一个不留意，筋斗落地的时候一下子撞到了柱子上。

"哈哈，斗战胜佛今天怎么如此狼狈，被谁摔到我这里来了？"悟空听到身边一个声音在取笑自己，定睛一看，原来是太白金星正好路过此地。

"没工夫与你说笑。"悟空没好气地说。

"需要小老儿帮忙吗？"太白金星明知故问。

"好呀，我倒问你，不是仅仅孔雀大明王菩萨拥有五色神光的神通吗？怎么凤仙郡那里有一只大鸟也会这样的神通？我们这次就是遭受了她的暗算。"悟空把事情的经过向太白金星详细地说了一遍。

"大鸟？哈哈，那可不是一般的大鸟，那可是孔雀大明王菩萨的妹妹，因为生下来长得丑，被赶到凤仙郡北部的距城16里的凤仙山进行修行。"太白金星回答说。

"难道那鸟儿是乌鸦精？那可怎么办？她有五色神光的神通，我们根本不能近身降服她。"悟空急得抓耳挠腮。

"大圣莫急，五色神光是孔雀大明王后来传授给自己的妹妹乌鸦精的神通，但并不是最高的神通，现在我带你去见一个人。"太白金星说完就在前面带路。

太白金星带悟空来到碣石山。

"咱们怎么到碧霞宫来了，这不是感应随世仙姑正神云霄、琼霄、碧霄三霄仙子住的地方吗？"悟空看看四周问。

"正是，你看那边，三位仙子正在练神通。"太白金星指指前方说。

悟空顺眼望去，果然见三位仙子正在用自己的宝贝进行比试，云霄仙子对琼霄仙子说："我的混元金斗是你的缚龙索功力的 2 倍。"

"姐姐，你要是把混元金斗的功力给我 3 份，我们的这两件宝贝的功力就一样多。"琼霞仙子开玩笑说。

"三位仙子，别来无恙？"孙悟空一下子蹿到三位仙子面前，施礼问候。

孙悟空的到来把三位仙子吓了一跳，悟空赶紧说明来意，三霄仙子听后，面露难色，因为是孔雀大明王菩萨的妹妹，哪个敢惹。

"我们只想用仙子的宝贝收了乌鸦精的神功而已，请仙子恩赐一个宝贝吧。"悟空这是第一次低声下气地求人。

三仙子一见悟空这副模样，也就动了恻隐之心，三姐妹对视了一下，云霞仙子说："好吧斗战胜佛，这三件宝贝你挑选一样吧。"

悟空一听，不由分说就选择了那个混元金斗。

"斗战胜佛真有眼光，唯有这件宝贝才能收取五色神光。"碧霞仙子有些舍不得，太白金星唯恐有变，暗示悟空拿到后赶紧离开。

悟空看到太白金星的暗示，拿到混元金斗，说了声"谢了"就一个筋斗云不见了踪影。

孙大圣很快来到风仙山乌鸦洞，大声吆喝："乌鸦精，快出来受死。"

乌鸦精在洞内听到喊声立马飞出洞外，她唯恐受到伤害，先下手为强，首先动用五色神光，但悟空毫不惧怕，拿出混元金斗便收了五色神光，乌鸦精失了法术顿时没有了威风，趁悟空一不留神，箭一般飞出九霄云外。

悟空这会顾不得乌鸦精，赶紧进洞救出师父和其他人。

八戒很是好奇，打问其中的原因。"因为我通过列方程知道混元金斗与缚龙索各自有多少份神功，比较之后，我当然就选混元金斗。"悟空说。

"怎么列的？"八戒又问。

"给它3份就一样多，说明多6份，其他不就清楚了吗？"悟空提示说。

八戒听了，还是似懂非懂。

这道题目的原型是：小亮对小丽说"我的玻璃球是你的2倍"，小丽对小亮说："要是你给我3颗，我们俩就一样多了。"他们两人分别有多少颗玻璃球？

这种题目的思考方法也是先根据题目中的条件写出数量之间的相等关系式，再根据关系式列方程。

这样的题目就是要找解题的突破口，根据"要是你给我3颗，我们俩就一样多了"，可以得出小亮要比小丽多两个3颗才行，那就是 $3 \times 2 = 6$（颗），然后找出数量之间的相等关系式为：$2 \times$ 小丽的—小丽的 $= 3 \times 2$，设小丽有 $x$ 个，列并解方程求得小丽的颗数，进而再求出小亮的颗数即可。

解：设小丽有 $x$ 个，由题意得：

$$2x - x = 3 \times 2$$
$$x = 6$$

小亮：$6 \times 2 = 12$（颗）

## （四）数学思想的渗透

如四年级的乘船问题的优化思想就是通过故事渗透数学文化：

唐僧师徒走出黑松林，准备去镇海禅林寺休息一下继续西行，但一走出黑松林就被眼前的景象惊呆了，眼前哪还有什么寺院，而是一望无际、波涛汹涌的一条大河拦在面前。

"难道我们迷路了？以前不是这个样子呀？"八戒被眼前的景象惊呆了。

大家也不知道为啥突然变成现在这个样子。

"我到父王那里去问一下原因。"小白龙说完纵身一跳就不见了踪影。

一会儿小白龙就回来了，告诉大家说："原来是天上的银河不知道什么原因产生反转，从而失衡，掉落人间，从此经常洪水泛滥，当地百姓深受其害。"

"我们倒是可以过去，但我想还是沿途走走看，能否找到其中的原因，救百姓于水火。"唐僧说。

众弟子都点头答应。

没走多远，就见前面有个渡口，渡口上有很多等待渡河的人，他们师徒紧走几步想看个究竟。

"大家快上船，成人每人150文，儿童每人60文。"就听船主吆喝着。

"能便宜点吗？"有人在讨价还价。

"团体10人以上（包括10人）每人100文。"船主又给出了另一种上船的方案。

船主话音刚落，就见有6个成人和4个儿童准备要登船过河。

八戒一看，赶紧拦住他们，问："你们算过了吗？就这样急着渡河？看看哪种方案合适才行呀。"

"我们早就算过了，按照第一种方案的话成人要150×6=900（文），儿童要60×4=240（文），合计900+240=1140（文）。"一个儿童抢先说，"按照第二种方案的话就是（6+4）× 100=1000（文），我们当然要选最划算的第二种方案。"

八戒一听，孩子竟然这么清清楚楚地给出了方案，也自感无趣，哼哼唧唧地站在一旁。

正当他们说话的时候，突然一阵狂风大作，河面上掀起数丈高的巨浪，在岸边的人们哪敢再去渡河，纷纷散去，河边仅仅剩下唐僧师徒。

唐僧师徒见多识广，根本不会惧怕这些，他们静观其变，一探究竟，因为他们很想知道到底是什么作怪才使这一方百姓受到如此灾难。

果然，不一会儿他们看到一朵巨大的浪花上站着一个人，"那不是白鼠精吗？"八戒大声说。

悟空一看是白鼠精，二话不说，挥动金箍棒就去招呼那妖怪。

但却被白鼠精一伸袖子打得没了踪影。

猪八戒、沙僧、小白龙一看白鼠精肯定又要对师父下毒手，就一起冲向白鼠精，他们哪是对手，三下两下就被白鼠精扔得不见了踪影。

唐僧虽然取经回来后为旃檀功德佛，孙悟空封为斗战胜佛，猪八戒封为净坛使者，沙和尚封为金身罗汉，白马封为八部天龙，但不知为什么，个个都不是白鼠精的对手，最后，唐僧还是被白鼠精掠了去。

乘车问题、渡河问题、运沙问题大多是根据价格方案选取最佳方案，这就是数学的优化思想。

优化思想中还用到筛选法或淘汰法，比如故事中的案例，再比如23个人住进2人间和3人间，不准有空床，有几种选房办法？这就要运用筛选法。

| 方案 | 2人间 | 3人间 | 方案 |
|---|---|---|---|
| 1 | 1 | 7 | √ |
| 2 | 2 | | |
| 3 | 3 | | |
| 4 | 4 | 5 | √ |
| 5 | 5 | | |
| 6 | 6 | | |
| 7 | 7 | 3 | √ |

如果再有价格的话，就要用到优化策略。

还可以从表格中寻找规律。

## （五）数学美的渗透

例如人教版五年级教材的《平移与旋转》就渗透了一种数学美的数学文化：

> 悟空回到了唐僧那里，详细述说了迦叶尊者被审经过。
>
> "这尊者太贪心了，理当遭此惩罚。"八戒感慨说，大家都点头附和。
>
> "来的时候佛祖交给我一袋长生果送给大家。"悟空说完就伸手变出一袋长生果，八戒一看就要伸手去拿，却被悟空拦住："呆子莫动，佛祖吩咐过，这些果子你师父分得全部的一半又1只，悟空分得余下的一半又1只，你师父和悟空拿过后，沙僧分得余下的一半又1只，最后这袋水果还剩3只，留给八戒和小白龙。"
>
> 八戒一听马上就翻脸了："干嘛就该我分的少，我不干了，回高老庄。"随后就扛起钉耙往回转。

悟空见八戒翻脸了，一把拦住，怒斥说："呆子，休得让师父伤心，平日里你自私惯了，佛祖这样说就是考验你的。"

悟空这样一说，八戒顿时不再冲动了，哼哼唧唧地坐在了路旁。

"徒儿们，为师这一生做过两件错事，一是骗悟空戴上紧箍咒，另一件是骗女儿国国王自己还会回来，因此心中常怀不安之心，看到悟空拿来的长生果，为师有一个想法，准备把为师的那一份全部送给女儿国，聊表心意。"唐僧对徒弟们说。

悟空一听深感师父的大义，能在自己面前认错自己也就知足了，因此就说："我的那一份也随师父送给女儿国。"

沙僧、小白龙也都同意，这下八戒不闹情绪了，并自告奋勇与悟空一道把长生果送到女儿国。

悟空与八戒来到女儿国，发现了与以前不一样的现象，那就是家家都在忙于做工。

"你们这是在干什么？"八戒走到一家门前好奇地问。

"国王让我们学习织布。"这家人赶紧站起来热情地向八戒介绍说，"今后我们就可以自给自足了，我织的布的图案是二方连续图案。"

"好美的图案。"八戒赞叹说，并问，"这些图案是怎么设计的？"

"二方连续是由一个单位纹样（一个纹样或两三个纹样相组合为一个单位纹样），向上下或左右两个方向反复连续平移而形成的纹样。"那户人家解释说，并随即指了指对过一家人家说，"那边我大姐织的布更漂亮。"

出于好奇，八戒与悟空就来到那家对过欣赏，果然看到图案更复杂，更漂亮。"这是四方连续布样。"那家主人介绍说。

"四方连续是怎么设计出来的？"八戒问。

"四方连续是由一个纹样或几个纹样组成一个单位，向四周重复地连续和延伸扩展平移而成的图案形式。"那家主人回答说。

"那样的话，应该还有六方连续、八方连续的花布？"八戒脑洞大开。

"当然喽，其实这些连续图案的画布都有一个共同的特点，即图案都是经过平移得来的。"那家人肯定地说。

正在这时，女儿国国王闻讯赶来迎接，看到悟空与八戒，特别热情。

悟空把这次来的经历向女儿国国王说了一遍，特别提起了师父让他俩来赠长生果时说的话，国王听了感动得泪流满面。

在这里，通过故事我们不但能了解到图形的运动方式分为平移与旋转，以及旋转有旋转三要素，即旋转方向、旋转角度、旋转中心，旋转方向有顺时针旋转、逆时针旋转；而且通过这些美丽的图案感知数学的那些美好元素，一种赏心悦目的感觉瞬间而生。

### （六）趣味数学的渗透

如人教版六年级的七桥问题就给孩子们展示了数学的趣味性与神秘性：

经历了两次凌云渡，唐僧算是领教了凌云渡的凶险，他清楚地意识到修身成佛哪有那么容易的，只有经历磨难才能成佛，因此至今没有对此提出别的看法。

"我们可否在凌云渡上建一座桥？"唐僧在雷音寺叩见如来后的第一句话就这样问。

唐僧这话虽然声音不高，但却如同炸雷一般，大家听了都面面相觑，因为这话违反了灵山的规矩，这可是几万年不变的游戏规则呀，因此都不作声，看着佛祖的反应。

如来本是含笑面对大家的，听了唐僧这样说，马上把脸板了起来，但心中又有些好奇，就阴沉着脸问："你想怎样？"

"从凡界到灵山要经过凌云渡，凌云渡上有两个小岛，我们可以建七座桥把两个岛与两边的陆地联接起来。"唐僧回答说。

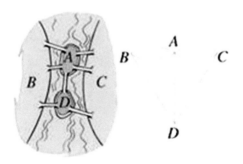（此处为原文图片）

"那样我们灵山跨越凌云渡才能成佛的规矩还有什么用？"如来大声责问。

听到如来的语气不对，观音菩萨暗中示意唐僧赶紧别说话，就连八戒也轻轻地扯了扯师父的袈裟进行提醒。

但唐僧置若罔闻，回答说："丢了肉身转化成佛可以变成不重复、不遗漏地走完七座桥后，再丢了肉身转化成佛。"

"不重复、不遗漏地走完七座桥？"如来听了唐僧的解释，语气变得缓和了许多。

唐僧根据自己的描述开始画出路线图给佛祖解释，但无论怎么画，就是不能不重复、不遗漏地一次走完七座桥，最后急得出了一头汗。

观音菩萨看了，赶紧走出来解围："要想一笔画出来，必须满足如下两个条件：①图形必须是连通的。②图中的'奇点'个数是 0 或 2。你设计的七桥工程中，4 个点全是奇点，可知图不能'一笔画出'，也就是不存在不重复地通过所有七桥。"

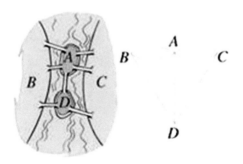

唐僧听了只得信服地点点头。

如来哈哈大笑起来，对唐僧说："金蝉子的想法甚好，今后这事就交给你再另行构思一下，至于何时建桥嘛……"

如来沉思了一下，说："那就等如天来到灵山的时候给他建个迷魂桥，让他在桥上兜圈子。"

大家见如来如此幽默，也都跟着哈哈大笑起来。

这是 18 世纪著名古典数学问题之一。在哥尼斯堡的一个公园里，有七座桥将普雷格尔河中两个岛及岛与河岸连接起来（如上图）。问是否可能从这四块陆地中任一块出发，恰好通过每座桥一次，再回到起点？欧拉于 1736 年研究并解决了此问题，他把问题归结为如下图的"一笔画"问题，证明上述走法是不可能的。

| 图形 | 奇点个数 | 偶点个数 | 能否一笔画 |
|---|---|---|---|
| ▭ | 0 | 4 | 能 |
| ⋈ | 0 | 5 | 能 |
| ⊠ | 4 | 1 | 不能 |
| ▽ | 0 | 7 | 能 |

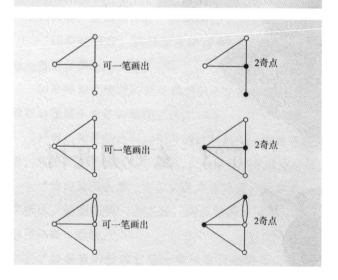

从而得出结论：

凡是由偶点组成的连通图，一定可以一笔画成。画时可以把任一偶点为起点，最后一定能以这个点为终点画完此图。

凡是只有两个奇点的连通图（其余都为偶点），一定可以一笔画成。画时必须把一个奇点为起点，另一个奇点为终点。

其他情况的图都不能一笔画出。（奇点数除以二便可算出此图需几笔画成。）

总之，数学文化在数学教育中的地位逐渐被人们认可和应用，并且从长远来看对学生有着很大的助益，小学数学教师应该不断加强这方面的学习，在教学时根据内容合理选择数学文化渗透的方式，帮助学生更好地学习数学。

## 六 童话数学剧场

童话数学剧场是一种数学文化传播、数学教育教学的新模式，是通过数学与话剧的艺术融合，以及数学知识与人文故事的表演，更好地在引导学生树立"科学自信"的同时，以数学科学话剧这一"润物无声"的形式将可贵的团队合作精神和科学工匠精神有效地传递给同学们。帮助更多的学生培养数学学习的兴趣，达到科学技能与人文素养同步提高的目的。

童话数学剧场，应该是表演出来的数学课堂，是一种亲身体验数学的尝试；童话剧场使数学真正成为看得见、摸得着的生命体，而不再是冰冷的符号；从而让学生明白数学也是一门有情感的学科，明白生活就是数学，我就在数学中。

如四年级教材中的《和尚分馒头》问题：100 个和尚分 100 个馒头，大和尚 1 人分 3 个，小和尚 3 人分 1 个，正好分完。问大、小和尚各多少人？就可以用以下话剧形式表演出来：

话剧:《和尚分馒头》

演员表:(按出场顺序)方丈、寺庙伙夫、大和尚、小和尚(甲)、小和尚(乙)、小和尚(丙)、明代数学家程大位。

道具:馒头、桌椅。

【第一幕:寺庙前】

清晨,寺庙大树下,鸟语花香,方丈上。

方丈:(双手合十状)阿弥陀佛,善哉善哉。

伙夫:(急匆匆赶过来)师傅,吃早饭的时间到了,开饭吗?

方丈:(点头、微笑)你招呼一声吧,今天在斋堂吃饭,有位尊贵的客人我要介绍给大家。

伙夫:(弯腰)遵命。(大声喊)开饭喽——开饭喽——开饭喽

【第二幕:斋堂】

斋堂内,桌凳井然有序,一大筐馒头放在桌子上。

大和尚们走了进来。

小和尚们走了进来。

方丈带着客人走了进来。

方丈:(面对大家)今天咱们寺庙来了一位尊贵的客人,他就是站在我跟前的数学家程大位。

众和尚:(双手合十,弯腰鞠躬)(齐呼)阿弥陀佛。

程大位:(双手合十,弯腰鞠躬回礼)阿弥陀佛。

程大位:(站直身体,微笑着)看到各位圣僧,又看到这热乎乎的馒头,我突然想考考大家。

一百馒头一百僧/大僧三个更无争/小僧三人分一个/大小和尚各几丁?

众和尚:(面面相觑,都摇头回答不出)

方丈哈哈大笑,他吩咐大和尚、小和尚(甲)、小和尚(乙)、小和尚(丙)站在一起。

小和尚（甲）：（一拍脑门）我懂了，就是把一个大和尚与四个小和尚分成一组，由于大和尚一人分3只馒头，小和尚3人分一只馒头，把3个小和尚与1个大和尚编为一组，这样每组4个和尚刚好分4个馒头，那么100个和尚总共分为100÷（3+1）=25组，因为每组有1个大和尚，所以有25个大和尚；又因为每组有3个小和尚，所以有25×3＝75个小和尚。

程大位：（哈哈大笑，伸出大拇指夸奖）这小师傅真棒，实话告诉大家这是我的《直指算法统宗》里的解法，原话是："置僧一百为实，以三一并得四为法除之，得大僧二十五个。"所谓"实"便是"被除数"，"法"便是"除数"。列式就是：100÷（3+1）=25，100-25=75。

　　……

这就是童话剧场的意义所在，在童话剧场这一独特的模式中体会"对知识的感恩"。数学话剧的演出，某种意义上，正是为了向许多这样的数学家先辈致敬和感恩，因为是他们的探索与引导才让孩子们了解到知识的来龙去脉。

07

# 童话数学团队

为了使童话数学发扬光大，我开始自 2015 年开始组建童话数学工作室，在全县范围内挑选热爱童话数学教学的老师一起进行研究，截止目前童话数学工作室有骨干队员 15 人，数学游戏工作室有骨干队员 35 人，数学实验工作室有骨干队员 45 人。

## 一 团队的兴起

名师工作室以巨野县南关小学和巨野县大义镇中心小学为教学研究实践基地，并在此展开研究。

起初工作室仅有三个老师报名参加，随着研究的展开，这种教学模式被越来越多的老师认同并接受，越来越多的老师想要申请加入教学团队，经过精心挑选，有 15 个优秀教师加入了童话数学工作室，其他优秀教师分别在数学实验工作室和数学游戏工作室，我们的挑选原则是另外两个团队的优秀教师在取得成绩并能达到童话团队的要求后，才能申请调整到童话数学团队。

**首先制定了名师工作室章程**

第一条　指导思想

根据国家中长期教育改革和发展规划纲要、学校发展和师生发展的需要，注重提升教育教学内涵，巨野县教研室建立以挂牌名师为导师的教师发展途径，以教师的专业成长为根本；以教学探索、创新为主旋律；以孩子的幸福教育为总目标。

第二条　工作室宗旨

名师工作室是名师引领下的基于教育教学实际问题解决的研究团队，以解决教育、教学中的课题研究为载体，通过多种形式的学习研讨、实践探索、主题研究，促进工作室成员的教学业务水平和教育教学研究能力，提高教师的专业化发展水平和基础教育的可持续发展。

第三条　工作室任务

名师工作室由导师和全县区域内的部分骨干教师组成，具体做到：

①以工作室为平台，开展教育教学研究和学术活动，促进教师理论素养的再提高和实践经验的再升华。

②发挥"专业引领"作用，主动为本学科教师提供咨询与指导，引领学员坚定教育信念、提高师德修养、提升教学水平、凸显教育风格，创新教学模式。

③组织开展高层次、高质量的学术交流活动，组织开展公开课展示活动。

④及时总结、反思成果，从小课题入手，慢慢把成员的小课题做成大课题，力争形成研究报告或论文集，并能踊跃发表论文。

⑤积极开发独具特色的师本课程。

第四条　导师工作

①每学年初，制定工作室计划和年度活动安排，按时举行"工作室"成员工作例会，有完整书面记录。

②根据每个学员特点与教材知识特点制定不同的备课形式、磨课形式、讲座形式。

③每年举行讲座并做"下水课"。

④每年指导教师试着写论文、做课题。

第五条　成员工作

①每学期至少撰写一篇关于自己某节课的教学反思文章，并提交工作室主持人修改提炼，逐渐学会如何撰写论文。

②成员中每年至少要有4人以上参与执教县内公开课或更高级别的课堂展示。

第六条　工作室的管理与考核

①工作室由导师负责建立，名师工作室实体由教研室负责组建，并进行全面管理和跟踪考核。

②工作室成员实行过程性淘汰制度，对在考评过程中懒散的成员实施淘汰，并随时增补优秀教师加入工作室。

本实施方案解释权归县教研中心。

## 二 团队的行动

名师工作室成立后，每位工作室成员都制定了自己的成长计划，工作室也分组制定了课题研究计划：

### （一）小学数学名师工作室课题研究计划

我们教师的教学生涯大部分是在课堂上渡过的，因此我们教师要下功夫研究我们的课堂。又因为支撑我们课堂具有鲜活生命力的是课题研究，只有不断进行课题研究，才能不断改进我们的课堂，鉴于此，我们团队决定以真正的研究课题为主抓手，以课题带动课堂，并设计课题研究分工计划如下：

1. 研究课题明细

（1）第一组的课题是"小学数学作业人文价值体现的研究"和"小学数学教学中数学文化的渗透研究"。第一组的两个课题的主持人及两个课题的组成人员由组长刘文蕾进行搭配，每个课题包括主持人共4人。

（2）第二组的研究课题是"小学数学教学'学-玩-理-练'的实践探索"和"小学数学教学阅读能力培养的实践研究"。第二组的两个课题的主持人及两个课题的组成人员由组长刘凤霞进行搭配，每个课题包括主持人共 5 人。

（3）第三组的研究课题是"小学数学童话式教学模式的实践探索"和"小学数学课堂教学游戏渗透的实践研究"。第三组的两个课题的主持人及两个课题的组成人员由组长徐亚英进行搭配，两个学校分别为一组，南关研究第一个，新华研究第二个。

（4）第四组的研究课题是"小学数学实验教学模式的实践探索"和"小学数学综合实践活动渗透的实践研究"。第四组的两个课题的主持人及两个课题的组成人员由组长赵艳玲进行搭配，6 人为一个课题组。

（5）第五组的研究课题是"小学数学教学动手操作能力培养的实践探索"和""小学数学作业人文价值体现的研究"。第五组的两个课题的主持人及两个课题的组成人员由组长陈双喜进行搭配，6 人为一个课题组。

（6）第六组的研究课题是"小学数学实验教学模式的实践探索"和"小学数学课堂教学游戏渗透的实践研究"。第六组的两个课题的主持人及两个课题的组成人员由组长程圆圆进行搭配，7 人为一个课题组。

2. 研究安排

（1）望各小组建立各自独立的微信群，在微信群中交流研究方案与课题组。

（2）望各小组做好课题申请书之后发给工作室主持人，由工作室主持人进行修改，并以小组为单位随时召开课题申请书修改会议。

（3）课题申请书合格后，每个课题组一定要择日开题，开题的时候我们会组织老师参加。

（4）课题研究时间为一年。

（5）在课题研究过程中，条件成熟进行本课题的课堂教学展示。

3.注意事项

课题研究要与自己的课堂教学相一致，不要走两条线，那样的话就是假研究。

## （二）"小学童话数学课堂教学研究"团队计划（以2019.2—2019.12 的计划为例）

1.指导思想

以《数学课程标准》《山东省中小学德育课程一体化实施指导纲要》为指导，做孩子们喜爱的数学，以读启思，以思启智，以智启乐，以乐启志，还孩子快乐童年，始终不能忘记"我们的孩子本姓'童'"。

2.实施计划

| 序号 | 实施内容 | 责任人 | 展示形式 |
|---|---|---|---|
| 1 | 全国童话数学联盟正式启动 | 朱良才等 | 讲座<br>课堂<br>教学 |
| 2 | "小学童话数学课堂教学研究"团队内部研究资料归档整理 | 徐红英　温中潮　祝淑静<br>刘　伟　王　菲　李娜娜 | 以文件夹的形式在电脑存储，随时等候打印出纸质文档 |
| 3 | 基于《义务教育数学课程标准》撰写"小学数学童话课堂教学"评价标准 | 张　娇　曹　静 | |
| 4 | 继续用三线式教案模式进行备课 | 徐红英　张　娇　温中潮<br>祝淑静　卞凤霞　刘　嫚<br>舒　展　徐秀芳　曹　静<br>董倩倩　冯　冉　朱晓荣<br>丛　静 | 纸质 |

| 序号 | 实施内容 | 责任人 | 展示形式 |
|---|---|---|---|
| 5 | 继续研究如何从三线式教案过渡到童话课堂教学的课件制作 | 徐红英　张　娇　温中潮<br>祝淑静　卞凤霞　刘　嫚<br>舒　展　徐秀芳　曹　静<br>董倩倩　冯　冉　朱晓荣<br>丛　静 | 电脑存档 |
| 6 | 针对每人的童话教学设计进行集体评课、磨课，并最终形成自己的一节完整课堂教学设计 | 徐红英　张　娇　温中潮<br>祝淑静　卞凤霞　刘　嫚<br>舒　展　徐秀芳　曹　静<br>董倩倩　冯　冉　朱晓荣<br>丛　静 | 录像存档 |
| 7 | 选拔教师进入小学童话数学教学工作室 | 朱良才 | 展示课录像 |
| 8 | 筹备并举办巨野县第三届童话数学课堂教学观摩研讨会 | 徐红英<br>张　娇 | 课堂教学 |
| 9 | 小学数学文化改编（神话故事） | 朱良才 | 专著 |

## （三）童话数学工作室学员作业（在此仅仅呈现一个学期）

| 姓名 | 年级 | 作业 | 补上学期作业 |
|---|---|---|---|
| 祝淑静 | 二年级 | 68 页 例 6 | |
| 张娇 | 二年级 | 60、61 有余数的除法例 1 例 2 两课时一块完成 | |
| 徐秀芳 | 四 | 60 页例 1 | |
| 丛静 | 二 | 29、30 页 | |
| 冯冉 | 六 | 72—112 页（你的任务较重，看一下小猪佩奇森林探险记的思路） | |
| 朱晓荣 | 六 | 21 页 22 页 | |
| 董倩倩 | 六 | 17、18 页 | |
| 温中潮 | 六 | 31 页 | |

## （四）朱良才领航工作室工作计划（部分）

| 建设规划与活动方案 | 建设目标：<br>继续以童话数学教学为研究方向，向全市、全省乃至全国逐步推广。<br>三年规划：<br>三年时间内培养三到五名能在全国用童话数学上课的教师，并在三年内能形成全国童话数学教学联盟。<br>分年度活动方案：<br>第一学年：跨区域举办第四届童话数学观摩研讨会。<br>第二学年：课堂教学与理论实践的结合研讨并举办第五届研讨会。<br>第三学年：对三年来的活动进行总结，形成完整的一套教学设计案例集，同时举办第六届小学童话数学研讨会。 |
|---|---|
| 课题研究计划 | 以课题《小学童话数学课堂教学的实践研究》为主线，逐步细化研究方向，具体做到：<br>1. 以数学文化为侧重点的研究；<br>2. 以核心素养为侧重点的研究；<br>3. 以数学阅读为侧重点的研究。 |
| 重点破解的教育难题 | 通过三年的工作室建设活动，带领工作室团队围绕童话数学课堂教学进行行动研究将达到以下预期效果：<br>1. 以数学文化为侧重点的研究，使数学史、数学思想、数学方法等等数学内容都能在童话故事中呈现出来；<br>2. 以核心素养为侧重点的研究，最终使童话数学课堂教学的培养目标落脚在培养学上的数学核心素养之上；<br>3. 以数学阅读为侧重点的研究，加强数学阅读的薄弱环节，通过学生的阅读培养学生的阅读能力、发现问题提出问题分析问题并最终自我解决问题的能力、自主学习的能力。 |

工作室活动日程表

| 时间 | 活动主题 | 活动方式 |
|---|---|---|
| 2020.11 | 第四届童话数学观摩研讨会 | 教学、讲座、论坛 |
| 2021.11 | 第五届童话数学观摩研讨会 | 教学、讲座、论坛 |
| 2022.11 | 第六节童话数学观摩研讨会 | 教学、讲座、论坛 |

成果培育预期生成的资源

| 序号 | 类型（文本、图片、视频等） | 生成资源名称 | 负责人 |
|---|---|---|---|
| 1 | 文本 | 《小学童话数学教学设计集锦》 | 祝淑静 |
| 2 | 课件 | 《小学童话数学教学课件资源包》 | 冯冉 |

续表

| 3 | 视频 | 小学童话数学电视剧《七彩巨人》 | | 朱良才 |
|---|---|---|---|---|
| 经费预算（三年共计 15 万元） | | | | |
| 年份 | 支出项目 | 经费标准 | 使用数量<br>（人数天数） | 经费金额 |
| 2020 | 外出学习 | 每人每天 800 元 | 8 人 3 天 | 19200 元 |
| 2020 | 外聘专家 | 每人每课时 1000 元 | 1 人 8 课时 | 8000 元 |
| 2021 | 制作童话剧 | 每集 10000 元 | 6 集 | 60000 元 |
| 2021 | 外出学习 | 每人每天 800 元 | 8 人 3 天 | 19200 元 |
| 2022 | 外聘专家 | 每人每课时 1000 元 | 1 人 8 课时 | 8000 元 |
| 2022 | 外出学习 | 每人每天 800 元 | 8 人 3 天 | 19200 元 |
| 2022 | 外出学习 | 每人每天 820 元 | 5 人 4 天 | 16400 元 |

## （五）阶段性工作总结

### 1. 工作室阶段总结（2020.12）

领航工作室成立已经一年有余，现就工作室一年来的工作情况总结如下：

（1）根据上级文件精神及时成立了朱良才领航工作室，并吸收以下老师为工作室成员：徐红英（巨野南关小学）、张娇（巨野南关小学）、祝淑静（巨野站前小学）、徐秀芳（巨野大义镇小徐营小学）、舒展（巨野万福路小学）、卞凤霞（巨野人民路小学）、冯冉（巨野章缝镇中心小学）、温中潮（巨野独山镇曹楼小学）、袁培栋（成武侯阚寺小学）、杜美红（牡丹区李村镇中心小学）、胡艳梅（曹县苏集镇龚楼小学）。

（2）一年来，工作室一是以数学文化为侧重点，使数学史、数学思想、数学方法等数学内容都能在童话故事中呈现出来；二是以核心素养为侧重点，最终使童话数学课堂教学的培养目标落脚在培养学上的数学核心素养之上；三是以数学阅读为侧重点，加强数学阅读的薄弱环节，通过阅读培养学生的阅读能力、发现问题提出问题分析问题并最终自我解决问题的能力、自主学习的能力。

（3）按工作室计划，《小学童话数学教学设计集锦》各个年级的教学设计都在完善中，已经完成整个小学阶段的30%。

（4）于2020年11月23日顺利召开了第四届童话数学课堂教学研讨会，并邀请了全县的数学骨干教师参加了会议，在研讨会上，工作室成员冯冉与祝淑静分别讲了一节童话数学课。

（5）按工作室计划，《小学童话数学教学课件资源包》也已经完成了整个小学阶段的 20%，并做了两集童话数学动画片。

2. 个人阶段工作总结（作者：南关小学徐红英）

我们的童话数学工作室已经成立 6 年了，在这 6 年里，我们把生活和工作活成了童话，亦汇成了诗。

2013 年 5 月朱良才老师来我校讲了一节《长发公主》（厘米的认识），他以美丽公主的长发为线索，整个故事贯穿在教学中，学生在读故事的同时潜移默化地学到了知识，知识掌握了，学生对故事还意犹未尽。教学中我们也经常使用童话故事导入新课，但这种以童话故事贯穿整个教学中的方法我们还是第一次见到，听这样的课我们感到很幸福，课后我们调查了听课的学生，他们听了这样的课也很兴奋，希望自己的任课老师也能这样教，我们怀着无比崇拜的心情要求朱老师在我们学校开展有关童话数学课堂教学的研究，我们积极地报名，加入到了童话数学这个童话家庭。

我们每月进行两次教学教研，老师们围绕在朱老师的身边，向他讨教，他总是耐心地答疑解惑，前段时间有位老师执教了三年级上册 71 页例 8（归一问题）。这是教材第一次出现用乘、除法两步计算解决实际问题，本节课注重培养学生发现问题、提出问题、分析问题、解决问题的能力及列综合算式的能力，积累画示意图解决问题的经验，体会数形结合思想方法在解决问题中的重要作用。在学生画示意图的时候，我们讨论后建议，先画出 3 个碗 18 元，可以求出每个碗多少钱，知道了一个碗 6 元，再依次画出 2 个碗、3 个碗……这样能更好地让学生理解几个几是多少？教材中的想一想"3 个碗 18 元，30 元能买几个碗"这本是一节课的内容，但从学生接受的情况来看，对这一类反归一的问题，学生不容易接受，建议本节课只教学正归一问题，让学生在扎实、真实中实现厚实。这节课给我们带来了我们许多有益的启示。这只是我们平时教研的一个小片段，在交流讨论中我们不断地提高。

我们连续五年开展了全县童话数学观摩研讨会，已有十几位老师为大家展示过童话数学课堂，祝淑静老师执教的《一分钱成长记》通过一分钱成长的故事让学生认识了人民币，知道了 1 角等于 10 分，1 元等于 10 角，融洽的气氛高涨了学生学习的兴趣。秀芳老师执教的《时间任意门——年月日》，为学生打开了时光之门，让学生通过顽皮猴帮助小老头寻找大黑龙休眠规律，偷出时光果实，炼制时光任意门，穿越任意时间为主线，让学生掌握大月、小月、二月的规律。整堂课让学生观察、交流、总结，并结合生活问题学以致用巩固新知。张娇老师的《钟表王国》以国王和卫士的故事使学生认识钟表。冯冉和卞凤霞老师更是勤劳的小蜜蜂，一到六年级的所做例题都编成了童话，每次下课同学们都围着她们问下节课读什么故事，因为对数学的热爱，对学生的热情，对童话的热衷，促使我们做了童话人，我们愿意和孩子一起生活在童话里，读中悟，悟中学。

在这期间我们也不断地与兄弟学校交流学习，张娇、卞凤霞老师曾去内蒙古、济南执教童话数学课，得到了一致好评。

感恩有你们，真好！愿我们在童话数学教学的路上，守正创新，砥砺前行！加油！

## （六）导师

为了使工作室成员的理论知识与实践经验有效结合，更为了接触较为前沿的教育教学理论，我们工作室特意聘请了中国政策研究院张志勇院长、北京教育学院的张丹教授、山东省教育科学研究院徐云鸿主任作为我们工作室的导师，有了导师掌舵，就能使我们的研究不至于偏离航向。

## 三）团队的成果

### （一）公开课

　　截至目前，工作室成员已经在全国范围内上了 3 节公开课（分别在长春市与铁岭市），在全省范围内上了两节公开课（地点济南），全县范围内上了 26 节公开课。

工作室成员公开课情况一览表

| 姓名 | 单位 | 所属团队 | 课题 | 时间 |
| --- | --- | --- | --- | --- |
| 刘凤霞 | 凤凰办文昌路 | 游戏 | 平行四边形 | 2016.9.1 |
| 徐红英 | 永丰办南关 | 童话 | 图形的旋转 | 2016.9.2 |
| 张　娇 | 永丰办南关 | 童话 | 钟表的认识 | 2017.10.2 |
| 杨　阳 | 凤凰办文昌路 | 游戏 | 9 加几 | 2018.4.3 |
| 程圆圆 | 董官屯 | 游戏 | 乘数是两位数的乘法 | 2018.4.4 |
| 温中潮 | 独山曹楼 | 童话 | 圆的面积 | 2018.10.22 |
| 徐　龙 | 万丰冯沙窝 | 实验 | 圆的面积 | 2018.10.22 |
| 曹　静 | 永丰办南关 | 童话 | 百分数的认识 | 2018.12.17 |
| 卞凤霞 | 凤凰办凤凰 | 童话 | 集合 | 2018.12.17 |
| 朱晓荣 | 永丰办南关 | 童话 | 鸡兔同笼 | 2019.4.10 |

续表

| 姓名 | 单位 | 所属团队 | 课题 | 时间 |
|------|------|----------|------|------|
| 田云霞 | 麒麟镇 | 游戏 | 二年级《克与千克》 | 2019.5.8 |
| 赵艳玲 | 开发区吕官屯 | 游戏 | 五年级《负数的认识》 | 2019.5.8 |
| 李春玲 | 龙固 | 实验 | 三年级《制作活动日历》 | 2019.6.21 |
| 舒 展 | 开发区万福路 | 童话 | 一年级《拼图形》 | 2019.6.21 |
| 陈玉红 | 万丰 | 实验 | 平行与垂直 | 2019.10 |
| 任浏霞 | 龙固 | 实验 | 6、7的分成 | 2019.10 |
| 杨 阳 | 凤凰办文昌路 | 游戏 | 搭配 | 2019.11 |
| 刘 腾 | 凤凰办民族 | 游戏 | 数与形 | 2019.11 |
| 冯 冉 | 章缝 | 童话 | 9加几 | 2019.12 |
| 祝淑静 | 站前小学 | 童话 | 编码 | 2019.12 |
| 纪海西 | 田桥姚店 | 几何概念教学 | 三角形的特性（四年级） | 2021.3.25 |
| 李娜娜 | 章缝路庄 | 几何概念教学 | 长方体的认识（五年级） | 2021.3.25 |
| 董倩倩 | 永丰办南关 | 几何概念教学 | 面积的认识（三年级） | 2021.3.25 |
| 王 菲 | 凤凰办佳信 | 童话与计量单位 | 一年级《认识人民币》 | 2021.5 |
| 冯 冉 | 章缝镇中心 | 童话与计量单位 | 二年级《克和千克》 | 2021.5 |
| 徐秀芳 | 大义镇小徐营 | 童话与计量单位 | 三年级《年月日》 | 2021.5 |

## （二）论文

1.成员张娇的论文《数学教学中童话故事与数学知识相谐相生的实践研究》（该文发表在 2020 年《新课程研究》第 5 期）

记得小时候，奶奶经常给我讲狼外婆的故事——"在险峻的山上，住着一户人家，一家人过得很幸福。家里有两个孩子，老大叫'胆小鬼'，老二叫'机灵鬼'。一个风雨交加的晚上……"每当听了这个故事我就常常在想，如果我也能听到小狗、小兔、小鸟说话该多好呀，那样我就有了更多的好朋友！

就是这样一个天真的憧憬一直伴随着我，直到我现在作为一个数学老师站在学生面前也从未抹去这样一个梦。

我知道孩子们大多不喜欢学数学，为了降低孩子们对数学的畏惧感，我就借用类似"狼外婆"等童话故事中的情节融入到数学课堂中，让冷冰冰的公式、定律、代数式变成会说话的小精灵，并活灵活现地出现在孩子们的面前，这样孩子们学习数学的兴趣一下子就会提高很多。

我作为童话数学课堂教学研究团队的一员，具体是这样设计我的课堂教学的：

一、把身边的童话动漫或故事融入数学课堂。

首先是把身边的童话动漫融入数学课堂。据生活经验可知，绝大部分幼儿及低年级的学生最喜闻乐见的就是童话动漫，比如《熊大熊二》《喜洋洋与灰太狼》《小猪佩奇》……为了提高孩子们对数学知识的学习兴趣，我就尝试用这样的动漫故事改编数学知识。

如人教版一年级下册《整理与分类》，我就尝试利用《小猪佩奇》的动漫故事进行改编：

（ppt 出示故事）小兔瑞贝卡说："我想吃巧克力味的心形的。"小兔理查德说："我想吃蓝色的水果味的。"小猪佩奇在盒子挑来挑去，过了很久才找到。

（ppt 出示）各种形状与味道的糖果。

师：你知道如何能分辨出他们各自所需要的糖果吗？

……

这样，有了故事这条线做引子，孩子的兴趣也就自然而然被牵动起来，孩子们就会在这种故事情境中，边阅读故事边思考数学问题，即如何进行分类，分类的依据是什么，分类的规律是什么，等等。

其次是把童话故事融入数学课堂。孩子们在小学阶段会接触到许许多多的童话故事，比如《小蝌蚪找妈妈》《骄傲的大公鸡》《卖火柴的小女孩》……我在教学中就抓住这些童话故事的教育意义相应改编成童话数学。

如人教版二年级下册第二单元《100以内的加法和减法》中的《不退位减》，我就根据《卖火柴的小女孩》的相关故事情节进行了改编：

> 师：小女孩手中有36根火柴，她为了取暖划掉了1根，红红的火苗映红了小女孩的脸，她顿时感觉到暖和了许多，同学们思考一下，划掉一根，还剩多少根？怎么列竖式？
>
> 生：（纷纷举手说出算式，并列出竖式。）
>
> 师：一会儿火柴熄灭了，小女孩又接二连三地划掉了10根、11根……23根火柴，她仿佛感觉到自己在奶奶温暖的怀抱里……同学们想想看，又该如何列出竖式并计算呢？
>
> 生：（尝试列竖式）
>
> ……

有了这样的故事情景，孩子们就会联想到算式36-1=35、36-2=34……然后转入新课的探究，即36-10=、36-11=……36-23=，并从算理中总结出算法。这样，同学们在这种氛围中不但又一次回忆起语文知识与文中的思想感情，而且能更加饶有兴趣地学习了如何进行不退位减法的计算。

二、教师自创童话故事并融入数学课堂。

自创童话数学故事虽有一定难度，但为了学生的兴趣，教师要学会挑战自己，并带动学生进行童话数学故事的创作尝试。

很多童话动漫和童话故事毕竟有其故事情景与内容的局限性，如果生硬地融入数学知识的话显得有些不协调，因此大多童话数学故事还是要教师自身进行原创，这样不但锻炼了教师的敏锐的思维与文笔，也更能给学生一些创作启发。

如人教版五年级下册《图形的运动三——旋转》，我是这样进行童话故事的设计的：

（ppt 出示故事）

动物的王国里有个最懒惰的动物——小猪，它的爱好有两个，一个是玩，一个是吃。

有一天，它在游乐场整整玩了一天，到很晚的时候才回到家中。

（教学环节）

环节一，复习旧知引入。

谁能说说游乐场有什么好玩的吗？

（ppt 出示故事）

回家后的小猪太累了，为了明天晚点起床，它故意把闹钟的定时时间从 6 时调到 9 时，"这样我就可以美美地睡个懒觉了。"小猪说完就呼呼地倒头就睡。

（教学环节）

环节二，合作探究 教学例 1

（一）旋转特点的初步认识。（出示钟表图或教具，看 6 时与 9 时的具体位置）

然后进行模拟小猪的动作进行旋转。

并作如下提示：

1. 谁在转动？

2. 绕着谁转动？（引出旋转中心）

3. 转动的方向如何？（让学生用手比划方向，引出顺时针方向。）

4. 旋转多少度？

让学生从以上几个方面谈谈对旋转方向的认识。

（ppt 出示故事）

但第二天小猪却还是被闹钟早早惊醒了，"咦，怎么还是 6 时呢？"它感到很奇怪，自言自语地嘀咕。猪妈妈看到这个情景，不由笑了，原来猪妈妈又偷偷把闹钟的指针从 9 时转到 6 时。

（教学环节）

（二）深化，认识逆时针旋转。（直接提问）

1. 谁在转动？

2. 绕着谁转动？

3. 转动的方向如何？（让学生用手比划方向，引出逆时针方向。）

4. 旋转多少度？

5. 拓展，从 12 时到 1 时呢？……

总结旋转的规律：

定点、定方向、定角度

（ppt 出示故事）

小猪有些不情愿，但又无可奈何，只得懒洋洋地起床、吃饭，然后由妈妈开车带着去上学。

他们走到小区门口，小猪拿出车子的蓝牙一晃，门口的道闸就自动升到垂直角度。

（教学环节）

环节三，运用新知，巩固练习

问：左侧道闸从水平到垂直的旋转方向？旋转角度？右侧呢？

（ppt 出示故事）

一路上，小猪脑子里始终在想着门口的道闸，最后索性拿出方格纸把道闸的运动状态画了出来，并拿给妈妈看。

"儿子真棒！"妈妈夸赞说。

（教学环节）

环节四，深化练习。

在方格纸上该怎么画呢？（大家用身边的方格纸画一画，先画什么？再画什么？）

环节五，课堂总结

（谈收获、提疑惑，板书副标题）

（ppt 出示故事）

不一会儿，母子就到了校门口，小猪下车后与妈妈说声再见就朝学校走去。

小猪快乐的一天又开始了！

这样把关于旋转的相关问题融入到原创的故事中，在故事元素中挖掘数学元素，并对数学元素进行加工、整理、探究，得到数学真理，从而使学生在童话故事中发现旋转中的秘密。

三、学生自创故事，深化理解数学知识。

童话数学课堂最终就是鼓励学生自创。学生自创童话数学故事又是一个上升的阶梯，这也是考验孩子们的语文写作能力与数学知识的把握能力的一个重要方面。因此，在教学中，这一阶段的要求是不能放松的。一开始先让学生尝试写一个教学知识点的复习部分，熟练之后再尝试写新授部分，然后再尝试写练习部分，最后再连贯地进行童话数学的创作。

如学生学习了圆环的面积就会根据以往的经验编出如下童话故事：

……一个虫洞里飞进一艘不常见的飞船，酋长就问："你们在虫洞洞口有没有发现奇怪的东西？我刚才监测到有异常的能量波动。"瘦瘦猴说："我们在洞口处发现一艘飞船，我怀疑是敌方的探测器。"几天后，保护盾外出现了好几艘一模一样的飞船。

酋长临危不惧，吩咐瘦瘦猴说："我知道这几艘飞船的弱点，只要用环形激光打中圆环部分（必须完全重合），圆环的外半径是5米，内半径是3米，你马上算出圆环面积，我会根据你的数据制造出环形激光。"

瘦瘦猴不敢怠慢，马上拿出纸笔列出算式，$S=\pi(R^2-r^2)$ =……

……

学生自编故事不但提高了语言文字素养，数学素养更会相应提高，边编故事边深化理解数学的真谛，真可谓是一箭双雕！

总之，把童话引进数学课堂不应该是新生事物，但整节课都用童话故事来诠释数学知识应该是一个大胆的尝试，我们童话数学团队一直在努力尝试着这一项研究，我想有了团队的智慧，我们的研究路线会越来越清晰，为了孩子的兴趣，我们会一直走下去！

2. 成员卞凤霞的论文《童话数学让所以孩子抬头听课》（该文发表在2021年《教书育人》第12期）

我是一位普通的小学数学老师，总想让普通的自己课堂变得不普通，所以我曾寻找过各种各样的方法、方式让自己的课堂尽可能变得与众不同。比如，在备课上比别人认真，深挖知识的内层，让课堂引入变得多种多样，利用多种教学工具，也曾从学生入手，让自己变得时而温柔时而严厉……在多种方式的变幻下，课堂效果，学生成绩还是达不到理想状态。我开始怀疑自己，是不是我不适合当一名出色的数学老师，我犹豫着、彷徨着……

2018 年的春天，我在南关小学参加一次数学老师培训，听了一节朱良才老师讲的《鸡兔同笼》，这是一节无数人讲了无数遍的课题，但朱老师却让它变得与众不同，他的特点是让学生听着故事学数学知识，每一段故事会引出要解决的数学问题，完成问题解决就会接着欣赏故事，然后再引出数学问题，一步步、一环环在欣赏一个完整的故事中完成要传授的知识。我特震惊的是由于故事的阅读欣赏，每个孩子都抬头听课、参与，而且还面带微笑。并且台下的每一位在场人员都安静地与学生一起沉浸在童话故事数学中。

这节课，这种授课方式，让我震惊得无以言表。之后，在朱老师的指导下我开始设计第一节童话数学课《小狐狸的止咳糖浆——求一个数的几分之几是多少》。

在老师手把手的指导下，一遍又一遍的修改中，我对童话数学有了更深层的理解，也明白了这种授课方式为什么能吸引学生及如何设计、应注意的问题等。

具体设计内容如下：

## 小狐狸的止咳糖浆
### ——求一个数的几分之几是多少

| 教学内容 | 人教版第 3 页例 2 及其"做一做" |
|---|---|
| 教学目标 | 1.联系学生的生活实际创设情境，引导学生通过观察、讨论、比较、验证等环节探索并理解一个数乘分数的意义就是求"这个数的几分之几是多少"。<br>2.让学生在自主探索的基础上进行合作交流，从而归纳一个数乘分数的计算方法，并能够正确地进行计算。<br>3.能利用所学知识解决生活中的简单问题，并进一步培养学生的分析和推理能力。 |
| 教学重点 | 掌握一个数乘分数的计算方法 |
| 教学难点 | 理解一个数乘分数的意义 |

<table>
<tr><td colspan="3" align="center">教学过程</td></tr>
<tr><td align="center">童话故事线</td><td align="center">教材线</td><td align="center">课堂教学线</td></tr>
<tr><td></td><td></td><td>一、旧知引入，导入新课，板书课题。</td></tr>
<tr><td>小狐狸感冒了，咳嗽得厉害，妈妈看小狐狸这个样子，又着急又心疼。</td><td></td><td></td></tr>
<tr><td>最后实在不能再拖延了，就去找狐狸医生想办法，"听说人类的止咳糖浆对咳嗽很有效果，每瓶 12ml，3 瓶差不多就好了。"狐狸医生看了小狐狸的情况对狐狸妈妈说。</td><td>例 2.一桶水有 12L。<br><br>*3 桶水是多少升？*<br><br>算式：12×3。<br>想：求 3 个 12L，就是求 12L 的（　）倍是多少。</td><td>二、教学例 2。<br>教学例 2（课件出示情景图）<br>1.师：根据提供的信息你能提出什么问题？该怎样计算？说说你的想法。<br>预设 1：求 3 桶共有多少升？就是求 3 个 12 L 的和是多少。<br>预设 2：还可以说成求 12 L 的 3 倍是多少。<br>预设 3：单位量 × 数量 = 总量，所以 12×3=36（L）。</td></tr>
</table>

| 童话故事线 | 教材线 | 课堂教学线 |
|---|---|---|
| "我是狐狸，人们见到我肯定会猎杀我的。"狐狸妈妈心有余悸地说。"你等到天黑再去，戴上这只手套，当医生开门的时候你就用这只戴手套的手把药钱递过去。"狐狸医生说着递过来一只五个指头的手套。 | | |
| 狐狸妈妈为了小狐狸豁出去了，她趁着黑夜冒险敲响了镇上医生的门。<br>停了一会儿，大门开了一条缝。"请卖给我一瓶止咳糖浆。"狐狸妈妈压低声音说，因为紧张却把没有戴手套的手伸了进去。 | | |
| 狐狸妈妈想把手缩回来已经晚了，她感觉这次必死无疑。但里面却传来医生的声音："早晨服用红色糖浆，每瓶12ml，每次服用1/2瓶；晚上服用黄色糖浆，每瓶12ml，每次服用1/4瓶。" | $\frac{1}{2}$ 桶水是多少升？<br><br>$12 \times \frac{1}{2}$ 想：求的是12L的一半，也就是12L的 $\frac{(\ )}{(\ )}$ 是多少。<br><br>$\frac{1}{4}$ 桶水是多少升？<br><br>$12 \times \frac{1}{4}$ 想：求的是12L的 $\frac{(\ )}{(\ )}$ 是多少。 | 2. 师：我们再来看这个问题，你能列出算式吗？（学生思考，自主列式。）<br>交流：是根据什么列式的？引导说出思考的过程并板书："求12 L的一半，就是求12 L的1/2是多少。"<br>3. 出示第2小题学生自练。引导说出："12×1/2表示求12 L的1/2是多少。"在这里都是把12 L看作单位"1"。<br>4. 师：依据单位量×数量=总量，你还能提出类似的问题并解决吗？（学生练习，交流。）<br>归纳小结：在这里，我们依据单位量×数量=总量的关系式可以得出：一个数乘几分之几表示的是求这个数的几分之几是多少。 |

续表

| 童话故事线 | 教材线 | 课堂教学线 |
|---|---|---|
| 狐狸妈妈今天第一次感觉人一点也不可怕，但她现在顾不得多想，她飞快地跑回家中，赶紧让自己的孩子把药服下去。其实那医生一开始就认出了狐狸妈妈，但医生的天职就是救死扶伤，况且这母爱也感动了医生。 | | |
| 小狐狸在妈妈的精心照料下终于好了起来，这不，刚刚妈妈烙了一张 300 克的大饼，小狐狸一下子就吃了它的 3/10。 | **做一做**<br>一袋面粉重 5kg。已经吃了它的 $\frac{3}{10}$，吃了多少千克？<br><br>□ × □ | 三、课堂练习，深化理解<br>1. 出示例 2 "做一做"。300 克。已经吃了它的 3/10，吃了多少克？<br>师：你能说说这个算式表示的意义吗？"求 300 克的 3/10 是多少。"<br>2. 比较两种意义。<br>出示：一袋面包重 3/10 千克，3 袋重多少千克？<br>师：列出算式，并与前一个式子进行比较。这两个式子有什么不同？<br>预设 1：一个是分数乘整数，另一个是整数乘分数。<br>预设 2：它们表示的意义相同但有所区别。<br>引导说出：分数乘整数的意义与整数乘法的意义相同，就是求几个相同加数的和的简便运算（或者就是求一个数的几倍是多少）。而一个数乘分数的意义表示的是求这个数的几分之几是多少。<br>师：那么，它们有什么是相同的呢？（计算方法和结果） |
| | | 3. 解答其他练习。 |
| | | 四、课堂总结<br>今天的收获是什么？ |

| 童话故事线 | 教材线 | 课堂教学线 |
|---|---|---|
| 狐狸妈妈经常给小狐狸提起买药的事,"妈妈,我今后也要像那医生一样做个好狐狸。"小狐狸奶声奶气地说,狐狸妈妈轻轻地抚摸着孩子的头夸奖说:"真是个好孩子。" | | |
| 附板书设计:<br><br>求一个数的几分之几是多少<br><br>$12 \times 3 = 36$(L)<br><br>$12 \times 1/2 = 6$(L)<br><br>$12 \times 1/4 = 3$(L) | | |

再如,我完成《旋转》的童话故事教学设计后,我带着这个故事走进教室,当我把第一张课件的图片"可爱的小猪"投向白板,所有的学生都安静地抬起头,我让孩子们一边读着关于小猪的童话故事逐步走进旋转、研究旋转。我也第一次做到了整节课没组织课堂,却没有一个学生不听课、不参与,达到了我一直期盼的授课状态,我又一次感受到了童话数学的魅力。

我一直认为,无论使用什么方式,能让班里的孩子抬头听课,愿意学习,这便是课堂教学的最佳状态,而这种期盼的效果童话数学帮我做到啦。

《旋转》这节课成功后,我又试着多次用童话数学的形式进行尝试,虽然能力有限,虽然每次创设的童话故事都有瑕疵,但却能引起孩子们抬头听课,并且学生们的学习数学的兴趣与日俱增,我为此感到无比的幸福与快乐。

我爱童话数学,我会跟着朱老师的童话数学研究团队一直实践探索下去,让更多的孩子受益。

3. 成员温中潮的论文《童话数学课堂的认识与实践》(该文发表在 2020 年《教学月刊》第 10 期）

数学知识是人类把握世界、探索智慧、追根问源、推动文明的实践结晶，是一切物质生产、科学实验、社会实践都离不开的资源。数学学科既为学生未来生活、工作和学习奠定重要的基础，又与人类的发展和社会的进步息息相关。然而，数学是思维的体操，具有高度的抽象性、概括性和严密性，让很多学生心生畏惧。还有就是老师们以知识讲授为主的单向授课方式和让学生不断进行机械模仿的解题训练，让很多学生感到乏味无趣。"牛不喝水强按头"式的教学是低效的。教师和学生都付出了大量的精力，可是教学效果不佳，学生的童年缺少幸福感，甚至师生关系走向对立。这与新课标"人人都能获得良好的数学教育"的理念是相背离的。如果学生没有学习的欲望，你给的东西再好他也是不屑一顾的。如何才能让学生爱学呢？

兴趣是最好的老师。如何让数学好玩有趣是广大教育工作者一直关心和不断探索的问题。作为儿童文学宝库中一颗璀璨的明珠，童话具有情节离奇夸张、想象瑰丽丰富的特点，最受少年儿童的喜爱。朱良才老师倡导将童话故事和数学知识融合起来，引入数学课堂，在不断满足孩子好奇心的同时，提高孩子们学习数学的兴趣，提高数学课堂教学质量，具有很强的研究和实践意义。

（1）浅谈对朱良才老师倡导的"童话数学课堂"的认识。

朱良才老师以童话故事统领课堂，整节课就是一个童话故事。在一节课的课堂教学中有三条线：一条线是故事的发生、发展、高潮、结局；一条线是数学知识点的导入新授、练习、总结；这两条线都随着中间一条线即知识线的推进而推进。

由此笔者可以认为，童话数学课堂，就是将儿童喜闻乐见的童话渗透和运用于数学课堂教学之中，寓知识于童话之中，寓童话于课堂之中，构建起一种集童话阅读、知识学习、课堂教学三位于一体的

"童话数学课堂",使学生在轻松、愉悦、神奇的教学环境中学习数学知识,提高数学能力和获得思想陶冶。

①童话数学课堂与童话导入的区别。

许多老师曾尝试将童话引入数学课堂,但大多数仅限于导入新课这一环节。虽然也能激发学生的学习兴趣,但是这种兴趣持续的时间大约在 5 分钟左右,非常有限。在之后的新授环节和练习环节,童话被当做敲门砖丢弃一旁。这种模式本质上还是传统的创设情境导入新课,并不能因为是创设了童话情境就认为有本质的不同。

朱良才老师所倡导的童话数学课堂是让童话故事贯穿于整节课。无论是导入环节、新授环节亦或是复习环节,都有童话故事的情节做支撑,整堂课学生们兴趣盎然,学习积极性不减。

②童话数学课堂与数学童话读物的区别。

有许多科普作家和学者将数学知识嵌入到童话故事之中,编写了许多数学童话故事、数学绘本,我们在此将其统称为数学童话读物。比如首都师范大学李毓佩教授出版的《数学司令》《奇妙的数王国》《爱克斯探长》等著作,受到广泛的好评,影响巨大。然而学生在阅读这些作品的时候,会产生略读或跳读的现象。即学生在读故事时津津有味,当阅读到讲解知识的部分时,兴趣降低,会进行一目十行的略读,甚至是跳过这一部分直接读后面的故事情节。结果是书买了一堆,故事读了不少,里面介绍的数学知识却没掌握几个。这样就严重背离了作者们的初衷。

童话数学课堂是将知识融入童话,将童话融入课堂,童话、知识、教学三条线齐头并进,共同发展。学生在阅读童话的同时发掘数学知识,并进行思考和探究。既保留了传统的数学童话读物的优点,又能发挥学生的课堂主体地位。由于童话与教学是发生在课堂之上,这样就能充分发挥教师的引导作用,有效避免略读、跳读现象的发生,将学生的思维和对知识的认知引向更深的层次。

（2）童话数学课堂的实践研究。

①童话与教学的融合点分析。

童话数学课堂教学模式有个巨大的好处，那就是无论是新手教师还是教学经验丰富的老教师都能上手。尤其是老教师，不必否定自己过去的经验和方法，甚至是教学理念，仅需给过去的教学设计"披上童话的外衣"，让童话情节与教学环节深度融合，这样更容易上出好课。这既是童话数学课堂的优点，同时也是其实践的难点。笔者根据自己的实践经验，总结了以下几个融合点，仅供读者参考。

②故事开端引出知识点，作为教学的起点。

好的开始是成功的一半。好的课堂导入能迅速抓住学生的眼球，将其注意力转移到课堂学习上来。

"在古老的的城堡里，每当夜晚降临，一位蒙面女侠便会把从贪婪的国王那里偷来的钱财散给贫苦百姓。每晚她都要经过 4 条街道，每条街道上都有 25 户人家。"让学生阅读，提取信息，并提出一个用乘法解决的问题。通过 $4 \times 5 = 20$ 和 $5 \times 4 = 20$ 两种不同的列式方法，来引导学生对乘法交换律进行探究。教师采用生动有趣的童话故事导入新课，迅速有效地激发学生的学习兴趣，引起学生探究的欲望。当教师出示童话故事后，学生目不转睛地注视着多媒体上的故事文本，眼神发亮，神情兴奋，课堂气氛特别容易调动。

在古老的城堡里，每当夜晚降临，一位蒙面女侠便会把从贪婪的国王那里偷来的钱财散发给贫苦百姓。

③故事发展，知识生长，逐渐逼近教学的核心目标。

文似看山不喜平，教学亦是如此。许多教师忽视教学的策略和艺术，将课堂等同于讲知识点，竹筒倒豆子直来直去，使学生丧失了学习的兴趣。没有兴趣便不会进行思考，没有思考便不会产生有意义的学习。为此，笔者并没有直接总结乘法交换律，而是继续出示童话故事："女侠在这些房顶上跳来跳去，并在发过钱的房顶上做上各种符号标记。"

让故事的发展促进知识的生长，让学生对乘法交换律的初步的、并不明晰的感受继续生长，变得清晰透彻。通过用不同的符号代替算式中的数字，让学生感受乘法交换律的不同表达形式，逐步建立乘法交换律的数学模型。

故事继续发展，"蒙面女侠被邪恶的女巫盯上了。女巫召来了国王的卫队。2 支卫队各有 35 名士兵。他们将女侠团团围住。"让学生对乘法交换律进行验证和巩固，加深理解。

④故事转折，知识点变化，教学环节不断向前推进。

掌握了乘法交换律，教师继续出示童话故事，"卫队中的 25 名弓箭手每人每分钟向女侠射出 5 枝箭，足足射了 2 分钟。"这样就自然地转入到乘法结合律的教学。让学生继续提出问题，合作探究，变被动学习为主动构建。

故事继续向前发展，"女侠逃脱了追捕，并成功来到国王的金库。金库的箱子上也被女侠用各种符号做上了标记。原来女侠每次都从金库的 36 个宝箱中各拿 2 枚金币，这次已经是第 5 次了。"让学生继续感知乘法结合律的不同符号表达形式，建立乘法结合律的数学模型，使乘法结合律这一重难点得以突破。

"女巫追踪到金库，发现了女侠原来就是公主。邪恶的女巫竟然用了 4 道魔障将公主困在金库里。"故事继续向前发展，将教学推进到巩固练习环节。同学们都非常踊跃地解除女巫设置的 4 道练习题

"魔障"，拯救公主。

⑤故事结尾，思想升华或留下悬念。

"最后，公主凭自己的智慧成功逃脱，但是邪恶的女巫并不甘心失败，一个更大的阴谋正在悄悄逼近公主……""想知道公主发生了什么样的故事吗？如果全班同学都能很好完成课后作业，我们下节课就会揭晓。"在完成本节课教学的同时，又为下节课留下了悬念。孩子们为了知道故事的结局，便会认真学习数学，并盼望下节数学课的到来，从而达到了余音绕梁、必有回响的效果。

（3）教学设计中童话故事的来源。

童话故事的来源无外乎自编童话和改编童话两种方式。

自己创编童话是比较难的。笔者多是在生活场景的触动下或者课堂教学灵感的闪现下进行创编童话并设计教学的。笔者作为一名数学老师文笔较差，绞尽脑汁编出来的童话故事往往想法不新奇，情节不跌宕，导致趣味性与吸引力不强。

改编童话则相对容易些。一些优秀的、经典的童话故事、影视作品都可以作为数学童话故事的素材或者蓝本。即便是经典的童话故事也不可能直接拿来用于数学童话课堂教学，或多或少都要经过改编甚至是再创作的过程。童话的创编要不断考虑与知识点、与教学的融合，因此不是一蹴而就的。它既有灵光乍现、妙手偶得的幸运，又有潜心思索、不断尝试的辛苦，但"乐亦在其中矣"。

"吾尝终日而思矣，不如须臾之所学也；吾尝跂而望矣，不如登高之博见也。"自从有幸认识朱良才老师，并加入其教学研究团队，方见到教学中另外一个天地，之前的苦闷、彷徨一扫而光，使学生们乐学、善学、会学，意外收获了融洽的师生关系。我想，当我的学生们回忆起童年时的数学课堂时，不再是枯燥的算式和习题，简单的说教和灌输。他们会记起有位讲童话的数学老师给他们的童年抹上了一丝甜蜜的亮色。在他们人生最幸福的童年时光里数学老师从未缺席，这是一件多么幸福的事啊。

4. 工作室主持人朱良才的研究报告《童话数学：教育与兴趣的双重本质关联》

数学教育的根本任务是引导学生追问最佳的学习方式，探索数学真理，揭示数学教育规律，培养学生的数学核心素养和关键能力，从而适应社会、驾驭生活，并拥有良好道德感。童话数学教育也并非唯美于童话形式，而是通过童话这个载体渗透对于数学真理的开放性追寻。如此，学生在数学上的所有兴趣就通过童话的渠道来对数学知识进行"经验"表达，童话就顺理成章地成为数学教育的可用资源。因此，在数学教育哲学中，童话数学教育与兴趣之间的本质关联很有必要进行探究。这样，只有从本质溯源，童话教育所诠释的独特兴趣观才能得以理解与激发。如果这种本质关联不被揭穿，它将会在数学教育中被误解，并陷入一种哗众取宠的尴尬境地。

（1）本质与介质：从"焦灼畏惧"到"兴趣盎然"。

大多学生翻开数学教材的心理反应就是不解，甚至是畏惧、不安，因为出现在他们面前的是这样一个"故事"："A 是 B 的数倍，或者说 A 比 B 大百分之几，这两句话中的'是'和'比'后面出现的 B 指的就是单位'1'，在数学计算中，当单位'1'未知的情况下可以采用除法进行计算，当单位'1'已知的条件下，需要用乘法来计算。"他们在字里行间体会不到数学的哪怕一点点"温柔"，看到的都是一行行的"清规戒律"——"数学规定"。

德国著名的哲学家和教育家奥斯特曼在 1895 年提出过这样的观点："在心理学和教育学研究中我们很容易发现，兴趣是亘古不变的重要话题和要点。"苏联学者鲍若维奇也在 1955 年发表相关言论，他认为心理学中关于兴趣的研究具有非常重要的现实意义，这是教育学和心理学两个领域专家共同研究的重点话题。

在兴趣教育学的相关理论研究中，很多学者和专家共同关注的所谓兴趣实际上指的就是兴趣教育，同时也表示教师在教学过程中的兴趣，被称为教育兴趣，将这两种概念结合起来就能整合出一套最具发展前景的教学模式——童话数学教学。其实，很多状况下，学生们对数学本质的东西是不感兴趣的，比如六年级数学学习"圆"这一知识点，在这节课中，"圆的本质"就是与一个定点的距离等于定长的点的集合，怎样才能让学生对这一数学本质的东西理解并感兴趣呢？

唯一的目的就是加进"佐料"——"童话介质"，即：

> "小眼镜"为他设计了三角形轮子的自行车。蓝巨人高兴地骑了上去，他费了好大劲才能转动一圈，并且颠簸得很厉害。小矮人"红马甲"为他设计了正方形轮子的自行车。

> 小矮人"黑胡子"为他设计了五边形轮子的自行车。蓝巨人骑上去感觉颠簸得没有那样厉害了，他很高兴，决定就骑这个去旅游，但是一段时间后，又不满意了，感觉还是费劲。

> ……

"小灵巧"很快就设计出一个圆形的自行车车轮。

通过童话故事这样一个饶有趣味的介质，就渗透了"圆，一中同长也"的数学本质。

有相关领域的学者在研究过程中曾生动地指出数学证明的含义，即所谓的数学证明通俗来讲就是一个数学家通过自己的研究，利用数学家之间的特殊语言，将故事转述给另一位数学家。在数学教育领域的发展和升级过程中，有关童话数学教育思想的研究直到今天还在被热议，而这种教育思想的转向与重建，在本质上就是要将数学中蕴含的知识再转化成故事，即从数学里的故事到故事里的数学的转变，将数学学科的知识整合成一种动态化的结构，利用时代背景与数学知识之间的联系将其融入到数学教育的系统中。让数学这颗"种子"种植在"童话"这片土地上，只有这样，数学才具有了看得见的"生命"，学生们才能透过童话故事看透数学最本质的内涵，当数学思想背后的"故事"呈现出来时，数学外在形式化的表达与阐述也将更加生动灵活，产生更深刻的数学内涵，让本身枯燥的数学学科变得更具教学潜力，体现出数学学科的丰富内涵和思想意义。

其实童话数学的教与学是从视觉兴趣（读童话）、听觉兴趣（听童话）、感觉兴趣（演童话）等神经系统引发数学兴趣的，从而达到爱数学、研数学的目的。如"听童话"，可以播放一段童话数学录音（老师或者同学自读的童话音频资料），让学生闭上眼睛仔细听，然后寻找（回忆）故事里的数学信息，并解答老师的数学问题，这就把数学知识（本质）通过童话故事（介质）展现出来，而不是干巴巴地进行说教，从而能在学生听的同时最大程度地调动学生所有的神经系统进行欣赏与思考，有效做到兴趣盎然地探究数学。

（2）融通与超越：从"解题阅读"到"意义阅读"。

通常情况下，有人把当今儿童比作脱离现实的傀儡，他们的学习活动也只不过是经历着"提线木偶"一样的动作，"他通过违背某种教育的活动来获得自我满足"。其实，传统的解题式阅读就是让学生机械地读读题目要求，或者把要求的问题题目读一遍，学生进行这样一系列学习活动的最终目的在于基础技能如何应用在所读的数学题目中，他们对数学学科的认知停留在公式、定义等浅薄的层面上，没有理解数学学科的本质含义。这样的阅读只能慢慢消磨掉孩子们燃起的一点点原有的兴趣。随着新型童话数学阅读教育模式的提出，既代表着数学深层本质的整体诠释，又代表着单学科向跨学科的转换，这样，教师真正让数学阅读成为儿童内心世界中的一部分，不仅激发了儿童的学习兴趣，还充分展现出了数学学科的人文意义。

世界著名哲学家和诗人纪伯伦曾经有一句非常著名的话——现

在我们常常因为走得太远而逐渐忘记了为什么要出发。数学学科的教育教学是一种非常立体的教学行为，不能是简单的知识转移和传授，数学教育往往是复杂而灵活的。数学家 M.克莱因曾经在著作中表示，数学学科的教学和学习都不能用简单的技巧来概括，这些技巧仅能代表整个过程的某一环节而非全部，即技巧并不能完全代表数学学科本身，就像是绘画艺术中，调配颜色仅仅是绘画中必不可少的一个环节，但绝对不能代表整个绘画过程。数学学科教师在教学活动过程中不能简单地将阅读等同于语文或者是英语学科的学习任务，随着科学技术的发展和时代文明的进步，大数据时代已经逐渐将数学阅读的重要性展现了出来，以数学阅读为基础的信息处理和研究方式已经成为时代发展的必要条件之一，仅仅具备基础的语文和英语的文字阅读能力已经无法适应时代发展的需求。但同时，数学阅读也不能像上面陈述的那样简单地理解成读公式、套用公式、读概念等等传统的数学学习方式，数学阅读的本质应当在于教师利用丰富有趣的童话数学阅读文本（或其他文本）将本身深刻的数学概念和内涵赋予更多的生活意义，重新构建数学教育的本质。因此，在日常的数学学习过程中，学生可以通过课外趣味阅读的方式了解更多的数学阅读文本材料，如数学故事、数学史、数学科幻、数学家等，不断拓展自己的知识面和思维空间，通过教材中的逻辑线索为基础，进一步探究数学学科的深层含义。而当前提出的童话数学阅读教学正是引导学生根据数学学海中的冰山一角进而不断探索水下部分的一种教学方式，让学生充分体会到数学探索的魅力。

比如为了探究知识的发展过程，熟悉数学知识的前联与后联知识体系，指导学生每天阅读《数学村的七彩巨人》，这套读本中每个故事每页都分为左右两部分，如人教版六年级下册《方正正与正方方（数与形）》页码分为两栏，左边一栏 3/4 部分为童话故事："有一天，方正正走着走着，却被一个平躺着的四个正方形绊了个跟头。方正正仔细一看，是正方方的恶作剧，就摇身一变，变化出 9 个一模一样的自己拼在一起，压在正方方的身上……"右边一栏 1/4 部分为知识点的探究问题："观察这些算式左边的加法算式与右边的平方数有什么关系？"探究分析问题部分适当留白，让学生分别用自己的思维方式进行分析。

数学与童话的结合，应该是一个融通的过程，"融"数学课程的事实世界、价值世界与实践世界，"通"数学课程的"工具价值"与"意义价值"。这个融通过程的最终目的应该是超越，即最终的教育目的是走向"生命价值"，这才能真正实现数学思想与数学素养的有效达成。

（3）祛魅与返魅：从"知识教学"到"童话教学"。

"祛魅"这个词语在德语中指的是 Entzauberung，也就是英文中的说的 Disenchantment，是由德国社会学专家马克斯·韦伯首次提出的概念，这是历史哲学与宗教哲学的统一性融合产生的重要定义，可以通俗的理解成"祛除所有未知、神秘和不确定的事物"。数学教学在祛魅系统中的教学指的就是理性教学。而祛魅系统中的原始化教学总的来说就是从传统的工具理性化转为价值理性化，从价值理性化再逐渐转向解放理性化，这也是兴趣教育的一个有效手段。

比如《数学村的七彩巨人》有这样一个片段：这时，飞来一只蝴蝶，他们就跟着蝴蝶往前摸索，走着走着竟然看到一座城。这时里面飞来一只大鸟竟然给他们送过来一个圆锥形的容器，容器的高度和底面与兜兜的圆柱形水壶的高度底面相等。兜兜知道自己的圆柱形杯子的容积是 75 毫升，但却不知道这个等底等高的圆锥体是干什么用的。

这是要推导圆锥体的体积公式的，为了还原原生态教学，就可以打破教材中的倒水或装沙子实验，改为学生任意去探究，部分学生会采用将圆锥中灌满水再将其倒入可以测量的长方体容积中，也有部分学生将密封的圆锥容器沉入盛满水的容器中，通过测量溢出的水体积来换算出圆锥体容积；还有学生利用橡皮泥工具进行容积测量等。这时教师就可以引导学生进行思考：如果让大家选择一个我们从前学习了解过的图形与今天要学的圆锥进行比较分析，你最先想到哪个图形呢？大部分学生都选择了圆柱形，原因是圆柱和圆锥一样具有曲面。紧接着教师就可以向学生展示各种等高但不等底或者是等底不等高的圆锥和圆柱进行比较，引导学生自主探究其中的不同。

而"返魅"这个定义也可以被翻译成"复魅"。从定义上来看，"返魅"强调的是将事物返回到最原始的状态，了解它的本质。原华东师范大学的张奠宙教授曾经就提出过类似的观点，即要将学术形态的知识内容转化成教育形态的知识内容，所表达的含义就是要将知识返魅。从另一个角度来看，所谓的返魅形态在教育学研究中指的就是将笼统、概括的学科知识逐渐转化成容易理解的人文化教学知识内容。

如人教版五年级下册《长方体正方体的表面积》，教材仅仅给出了表面积的定义与展开图。为了探究表面积的解答方法，在童话课堂中利用三线式备课模式进行表面积公式的解压，从而得到四种表面积的求法。（在这里故事线、教材线、教学线是对应的，并齐头并进向前发展，一直到课堂40分钟结束，此例中教材线省略。）

　　（故事线1）又到了一年一度的矮人国狂欢节，广场上人山人海，欢呼雀跃声不绝于耳。可谁知，正午时分，突然天气骤变，一阵狂风袭来，万里无云的天空一时间乌云密布，很快，被暴风雨袭击的整个矮人国一片狼藉。

　　（相对应的教学线）复习导入（出示课题，回顾旧知）师：孩子们，上节课我们认识了长方体和正方体，那么，请同学们跟随老师的思路一起来看一下：这是一个长方体，谁能回答一下你观察到的长方体的特征？

生：长方体有六个面，八个顶点，12 条棱。并且相对的面完全相同。这个长方体中相交于同一顶点的三条棱分别叫做长、宽、高。正方体有六个完全相同的面，棱长都相等。

（故事线 2）国王下定决心要建造一座便于移动的房子。他决定掷高金向全国招标，他要选出一位矮人国最优秀的建筑师。这一天，所有的投标人都被召集到了皇宫。牧师公布了建筑要求，他拿出建筑的房子模型，是一个长方体。已知上面面积 0.35 平方米、下面面积 0.35 平方米、左面面积 0.2 平方米、右面面积 0.2 平方米、前面面积 0.28 平方米、后面面积 0.28 平方米。牧师要求竞标者算出这个模型的表面积。

（相对应的教学线）师：同学们请仔细观察你展开的长方体或正方体，观察后，你有什么想说的？

生：围成长方体的是六个长方形，长方体的表面积就是展开后 6 个面的总面积，正方体也一样。（师归纳后板书：长方体或正方体 6 个面的总面积，叫做它的表面积。）

师：那么，这节课我们就一起来研究探讨一下长方体和正方体的表面积。（同时板书课题：长方体和正方体的表面积）师：谁能用数学语言来提炼有用的信息？我们现在已知什么要求什么？像这样能否用一个公式来表示出表面积呢？

（板书：$S_表 = S_上 + S_下 + S_左 + S_右 + S_前 + S_后$

……

附板书设计：　　　　长方体正方体的表面积

已知　　　　　　　求 $S_表$

六个面　　　　　　　$S_表 = S_上 + S_下 + S_左 + S_右 + S_前 + S_后$

三个面（前、上、左）　$S_表 = (S_上 + S_前 + S_左) \times 2$

长宽高　　　　　　　$S_表 = (长 \times 宽 + 长 \times 高 + 宽 \times 高) \times 2$

棱长　　　　　　　　$S_表 = 棱长 \times 棱长 \times 6$

以上就是童话数学中教育与兴趣的双重本质关联，这种关联会在40分钟的童话手段实施下，彻底转变了传统数学教学的理念，凸显了数学教学的内在人文精神意义与主体性存在的个人意义，实现了学习者个人的数学知识、数学实践经验以及数学经验的互动生成。

著名教育学专家维特根斯坦曾经表达过这样的观点，复杂的问题就是要将它从根本上解决。童话数学教学所代表的不仅仅是一种全新的教学模式，更是对当前数学教育领域的一种启发，引起人们对于数学本质的思考和探究，这种教学模式将传统数学知识以及未被探索过的数学世界通过全新的方式展现出来，使其变得更加立体与有趣。"人不仅是一个思维的存在，更是一个生命的存在。"童话数学教学模式的本质就在于将数学学科领域中原本灵动鲜活的部分重新展现出来，让学习者本人充分体会到数学学习的乐趣，从而真正去感悟数学学科的魅力。

# 参考文献

1.[ 英 ] 约翰·洛克 . 教育漫话 [M].北京：教育科学出版社，1999：33.

2.[ 美 ]G. 波利亚 . 怎样解题：数学思维的新方法 [M].上海：上海科技教育出版社，2007：9.

3. 教育部 . 义务教育数学课程标准 [S].北京：北京师范大学出版社，2022：4.

4.[ 英 ] 怀特海 . 教育的目的 [M].庄莲平、立中译 . 上海：文汇出版社，2012：111.

5. 大正藏·大宝积经 [M].上海：上海三联出版社，2010：681-682.

6. 大正藏·阿毗达磨大毗婆娑论 [M].上海：上海三联出版社，2010：44.

7. 冯契 . 认识世界和认识自己 [M].上海：上海人民出版社，2011：241.

8.[ 英 ] 劳拉·F. 克瑞蒂 . 童话研究 [M].石家庄：河北教育出版社 .2011.

9. [ 英 ] 托尔金 . 论童话故事 [M].上海：上海人民出版社，2015.

10.[ 美 ] 布鲁诺·贝特尔海姆 . 童话魅力的价值：童话故事的意义和重要性 [M].北京：社会科学文献出版社，2015.

11. 孙毓修 . 童话 [M].北京：商务印书馆，1909.

12. 周作人著，刘绪源辑笺 . 周作人论儿童文学 [M].北京：海豚出版社，2012.

13. 洪汛涛. 童话学讲稿 [M]. 合肥：安徽少年儿童出版社，1986.

14. 崔庆华. 小学数学童话故事教学研究 [J]. 山东师范大学硕士论文，2018.6.10.

15. 单广红. 基于童话的小学数学课例研究 [J]. 新课程研究（上旬刊），2017.4.1.

16.[ 英 ] 伊恩·史都华. 给年青数学人的信 [M]. 李隆生译. 北京：商务印书馆，2013：83.

17.[ 美 ]M. 克莱因. 西方文化中的数学 [M]. 张祖贵译. 上海：复旦大学出版社，2004.

18. 余文森. 关于教学改革的原点思考 [J]. 全球教育展望，2015（05）：3-13.

19.[ 奥地利 ] 维特根斯坦. 文化与价值 [M]. 许志强译. 杭州：浙江文艺出版社，2002：54.

20. 张再林、冯合国. 从梅洛·庞蒂的身体现象学探现代教育理念的转变 [J]. 教育理论与实践，2015（04）：3-7.

21. 教育部. 义务教育教科书（小学数学）[S]. 北京：人民教育出版社，2022：1.

**后记**

# 感恩遇见

时间过得真快呀！从写第一本教师工具书（1998 年）《小学数学板书设计及其应用》到现在，二十多个春秋转瞬即逝。值得庆幸的是，在这流逝的时间长河里，我不断捡拾着自己喜欢的知识贝壳，小心翼翼地"拼摆"着自己（不，应该说是学生）喜欢的"模样"，直到今日鬓发霜染的时候，我发现自己也算为孩子们干了一件好事，一件教学上独一无二的研究。

说它独一无二，是因为该项研究做到了以下创新。

一是首次在内容设计上采用融入式（或沉浸式），即数学知识点隐藏在童话故事里。比如这样一个故事情节："周围的邻居也都来帮忙。一共来了 38 个邻居，为了过河一共租了 8 条船，每条船都坐满了，大船坐 6 个，小船坐 4 个。"这里就隐藏了一个《鸡兔同笼》的数学问题，故事情节呈现出来以后，家长、学生或者教师就会提出这样一个数学问题：大船、小船各租多少条？

而其他数学童话故事大多采用嵌入式，即一段故事陈述之后，就会出现一段数学知识的讲解。知识点是出现在故事之中的，让孩子们一眼就看出如何来解决此类问题，相比沉浸式的童话数学教学，这样的嵌入式缺乏了一定的探究性。

二是首次用一个童话故事贯穿整节课。童话数学课堂教学是一节课的容量，其中导课、新授、练习、拓展等所有环节都用一个完整的故事串联起来；而大多数的数学童话故事仅仅是一个题目的容量，或者在一节课中仅仅某个环节设置童话故事情景（在此恕不一一举例比较）。

三是各项设计模式都是首创。即指导数学阅读模式尚属首例；三线式备课模式尚属首例；整节数学课以一个童话故事贯穿的教学模式尚属首例。

其实任何一项实践与研究都肯定是曲曲折折的，数学姓"童"的思想研究亦是如此！童话数学课堂教学从一开始的姗姗学步，到现在的独树一帜，前前后后有十多个年头了，经历的艰辛是可想而知的，但我们从没因为步履维艰而停止研究的脚步，这要感恩那些为我们童话数学课堂教学不断鼓劲加油的人。

1998 年，我当时 31 岁，因我的第一本专著《小学数学板书设计及其应用》的出版，结识了山东教育出版社的胡刚泰主任，很是感激胡老在百忙之中还要抽出时间不厌其烦地对书稿进行纠正指导，那个时候仅仅有的通讯工具是按通话时间收费的公用电话，胡老为了替我省电话费，每周都跟我约好在固定的时间段去电话亭等他的电话。是胡老的热情与鼓励才使我坚定了教学研究的信心，他给我的不仅仅是散发着墨香的一本专著，而是我教科研能力的"第一桶金"，从此我也就一直坚持做自己的教学研究。也是因为胡老的爱心，促使我进行爱心传递，这就是每当我的学生或老师们有数学问题问我的时候，我总是第一时间答复的原因，难怪有的老师曾跟我开玩笑地说："老师一直都在呀？"

如果说感恩胡刚泰主任坚定了我教学研究的信心的话，那么我还应该感谢《人民教育》的编辑田菊影老师给我的教学研究指明了方向，那是 2000 年我曾经无数次向《人民教育》杂志投稿，屡试不中，田菊影老师在回信中说了一句："朱老师不妨先写写随笔。"就这样我开始从随笔提升自己，然后走上了数学课堂"诗情画意"的研究道路。

曾记得中国教育学会未来教育家发展学院张威副院长一开始就很看好童话数学课堂教学，极力引荐到全国各地进行授课，并推广数学阅读经验；曾记得山东创新教育研究院不断向全国宣传童话数学课堂教学，因为这一独特形式我曾获得山东创新研究院的"乡村教育家"荣誉称号，冠以"童话数学大王"，正因为有他们的关爱才使我的研究逐渐丰满。

在童话数学教育研究这条道路上，我还要感谢北京师范大学中国教育政策研究院执行院长张志勇教授一直对童话数学教学研究的鼓励、关心与支持，感谢中国教科院《教育文摘周报》主编王磊社长一直对童话数学教学跟踪指导与报道。

感谢我的"齐鲁名师工作室"导师中国教育政策研究院张志勇教授、北京教育学院数学学院张丹教授、山东教育科学研究院小学数学教研员徐云鸿老师的大力支持。

感谢一路走来热心帮助我的所有编辑们，是他（她）们在我的著作的出版过程中给了我很多有益的指导。

感谢我的领导与同事们的热情帮助，是他们的支持给予了我不断前行的力量；感谢工作室成员的团结协作，他们的好学精神容不得我后退半步！

同时我也感谢您——在茫茫书海中翻动这本书页的朋友们，您的青睐更让我信心十足！

是为记！

朱良才
2022 年春